"十三五"国家重点研发计划课题 2016YFC0801906 研究成果

安全风险管控

——宏观安全风险预控与治理

罗 云 主 编

裴晶晶
许 铭 副主编

公共安全风险
工业安全风险
城市安全风险
事故灾害风险

科学出版社

北 京

内 容 简 介

　　安全风险是现代社会重要的风险类型之一。本书针对公共安全、工业安全、城市安全、事故灾害领域的风险管控，全面、系统、深入地论述了安全风险的辨识、分析、评价、预警、预控等方面的理论、方法、工具、应用实例等内容。本书的主要特点是从宏观或中观角度论述和研究分析安全风险，即从较大时间尺度和空间范围辨识认知、评价评估、预警预控安全风险，从而帮助读者提高对相关领域安全风险的系统性、综合性、社会性的认知水平和研究分析能力。

　　本书适于政府部门、行业组织、企业单位的相关管理人员和安全专管人员阅读，也可供公共安全、安全工程、安全科学与工程等相关专业的大学本科生和研究生学习参考。

图书在版编目(CIP)数据

安全风险管控：宏观安全风险预控与治理 / 罗云，裴晶晶，许铭著. — 北京：科学出版社，2020.6
　ISBN 978-7-03-062960-9

　Ⅰ. ①安⋯　Ⅱ. ①罗⋯　②裴⋯　③许⋯　Ⅲ. ①安全风险－风险管理　Ⅳ. ①X913

中国版本图书馆CIP数据核字(2019)第252234号

责任编辑：刘翠娜　陈娇娇 / 责任校对：王萌萌
责任印制：吴兆东 / 封面设计：蓝正设计

科 学 出 版 社 出版
北京东黄城根北街 16 号
邮政编码：100717
http://www.sciencep.com

北京凌奇印刷有限责任公司印刷
科学出版社发行　各地新华书店经销
*

2020 年 6 月第 一 版　开本：720 × 1000 1/16
2025 年 2 月第六次印刷　印张：12 3/4
字数：240 000

定价：98.00 元
(如有印装质量问题，我社负责调换)

参编者：

王新浩	卢　畅	孙　润	吕士伟	李　平
李　彤	李永霞	张　路	张茂鑫	辛盼盼
李佳妮	陈　涛	吴　盈	邹小飞	罗斯达
季晨阳	耿罗通	黄玥诚	黄西菲	曾　珠
廖　蕊	樊运晓	潘建军	潘　超	戴　英

前　　言

　　安全管理是社会公共管理的一个重要组成部分，它是以工业安全、生产安全、公共安全为目的，实现有关生产、生活、生存活动的安全方针、决策、计划、组织、指挥、协调、控制等功能，合理有效地使用人力、物力、财力、时间和信息，为达到预定的事故灾害等突发事件防范与应急而进行的各种管理活动的总和。安全监管或管控是国家应用立法、监督、监察等手段，企业或社会组织通过规范化、标准化、专业化、科学化、系统化、信息化的管理制度和操作程序，对生产、生活活动过程中危险危害因素进行辨识、评价和控制，对事故灾害隐患进行查治，对系统安全风险进行预测、预警、监测、预防，对突发事件进行应急、救援、调查、处理，保障实现安全生产、安全生存的一系列管理活动。

　　基于安全科学的对策原理，安全管理对策是重要的安全"三 E"对策之一。通过人类长期的安全活动实践，以及安全科学与事故灾害理论的研究和发展，人们已清楚地认识到，要有效地预防生产与生活中的事故、保障人类的安全生产和安全生存，就要有"三 E"对策：一是安全技术对策(engineering)，这是技术系统本质安全化的重要手段；二是安全教育对策(education)，这是人因安全素质的重要保障措施；三是安全管理对策(enforcement)，这一对策既涉及物的因素，即对生产、生活过程中涉及设备、设施、工具和活动环境的标准化、规范化管理，也涉及人的因素，即相关人员的行为科学管理等。安全技术具有国际化的特点；安全管理需要国际化与本土化的结合；安全教育则是主要具有本土化的特征。安全管理科学是安全科学技术体系中重要的分支学科，是人类预防和应对事故灾害的"三 E"对策的重要方面。

　　随着安全科学的发展，安全管理的模式和机制不断进步与发展。20 世纪 90年代以来，世界范围内安全管理模式的进步表现出如下趋势：变结果管理为过程管理；变经验管理为科学管理(变事后型为预防型)；变制度管理为系统管理；变静态管理为动态管理；变纵向单因素管理为横向综合管理；变管理的对象为管理的动力；变成本管理为价值管理；变效率管理为效益管理。现代安全管理技术的进步和发展反映出如下特点。

　　(1)安全管理理论：从事故致因理论到风险管理理论、安全系统理论、本质安全理论；

　　(2)安全管理方式：从静态的经验型管理到动态全过程预防型管理；

　　(3)安全管理对象：从事故、事件的事后对象管理到全面风险要素(隐患、危

险源、危害因素)源头管理;

(4)安全管理目标:从老三零的结果性指标(零死亡、零伤害、零污染)到新三零的预防性指标(零风险、零隐患、零违规);

(5)安全管理系统:从事故问责体系到职业健康安全管理体系(OHSMS)、健康安全环境管理体系(HSE)、安全标准化和规范化科学体系;

(6)安全管理技巧手段:从单一行政手段到法制的、经济的、科学的、文化的等综合对策手段,从技术制胜到文化兴安;

(7)安全管理的功能作用:从技术的功能安全、系统安全到社会的善治安全、组织或企业的本质安全、人的智慧安全等。

从方法论的角度,安全管理的模式大致分成三种:一是基于事故和灾害教训的管理方式,这是传统的、以事故灾害为对象的"经验型"管理模式;二是依据法规标准的管理方式,这是常规的、以缺陷隐患或不符合为对象的"规范型"管理模式;三是基于安全本质规律的管理方式,这就是科学现代的、基于风险的管理模式。

现代安全管理关键技术表现出如下优势:

一是助力本质安全。改变传统的以事故、危险为对象的管理模式,从基于事件、能量、形式、规模的管理,转变为基于风险的管理,实现全面管控、综合管控。

二是推进超前预控。改变传统的事后型、被动式监管方式,通过源头治理、关口前移、标本兼治,实现超前的主动预警监管。

三是落实系统防控。改变传统的碎片化、零散型、静态管理方式,实现全要素、全方位、全过程的科学分类管理、分级管控。

四是实现能动管理。改变传统的约束型、被动式管理方法,实现全员参与、自我管理,提高安全管理的能效、绩效,提高安全管控的可持续性。

十余年来,我们研究团队创立的 RBS/M——基于风险的监管,获得"十一五"、"十二五"和"十三五"国家科技支撑计划和国家科技计划项目,以及诸多政府安全生产监管、特种设备安全部门和煤矿、石油、化工、电力、民航、航天、航油、机械、水电等行业的资助,取得了许多研究成果,本书是这些成果的展示。我们期望通过本书的出版,能够与从事安全领域工作的科技和管理人员共同分享,并对他们有一定的参考价值。

罗 云

2020 年 1 月

目　　录

第一章 概　　论

第一节　现代社会面临的发展与生存安全风险

一、现代工业事故灾害是人类生存的第一杀手

现代技术的发展，给人类的生产方式和生活方式带来了一系列的改变。人类在享受着高效技术带来的富足财富和舒适环境的同时，也承受着极度频繁的人为或自然导致的事故与灾难，承担着生命、健康和经济损失的风险。

20世纪是人类发展史中一个灿烂辉煌的时代，人类的智慧在科学与技术上得以淋漓尽致的发挥，人们发明了飞机、无线电话、电视、人造卫星、航天飞机、激光、雷达、电子计算机等，使人类的生产方式和生活方式发生了根本性的变化。然而，技术是一把双刃剑，它在给人们带来舒适、高效、便捷和财富的同时，也给人们带来了生命风险、环境危害、生态破坏、火灾和交通事故等一系列负面影响，当技术一旦失控还会造成巨大的灾难。

近百年来，世界范围内因技术失控导致的重大事故灾难层出不穷。例如，20世纪80年代切尔诺贝利核事故、1995年韩国"6·29"三丰百货大楼坍塌事故、2011年日本福岛核泄漏事故，2015年我国天津港"8·12"危险品仓库特大火灾爆炸事故、2019年3月10日埃塞俄比亚航空公司波音737MAX坠机事故、2019年我国江苏响水"3·21"特别重大爆炸事故等。据统计，世界范围内每年劳动工伤和职业病导致的死亡人数近200万人，交通事故导致的死亡人数超过百万人，因此工业事故灾害成为人类面临的最严重的死亡风险之一。

生产和生活中发生的意外事故和灾难事件如同"无形的战争"，侵害着我们的社会、经济和家庭。正如一个政治家所说：意外事故灾难是除自然死亡以外人类生存的第一杀手！

二、国家"大安全"面临重大挑战

中共十八大以来，习近平总书记提出"总体国家安全观"的战略思想，明确指出，要构建集政治安全、国土安全、军事安全、经济安全、文化安全、社会安全、科技安全、信息安全、生态安全、资源安全、核安全等于一体的国家安全体系[①]。国安才能国治，治国必先治安。保证国家安全是完善和发展中国特色社会主

---

① 新华社.中央国家安全委员会第一次会议召开 习近平发表重要讲话.(2014-04-15)[2019-10-12]. www.gov. cn/xinwen/2014-04/15/content_2659641.htm.

义制度，推进国家治理体系和治理能力现代化的有机组成部分。国家安全，必须在国家治理的大背景下思考和筹划，必须以安全治理作为基本路径来维护和保障。坚持总体国家安全观，体现在治理实践上，就是推进国家安全总体治理；走出一条中国特色国家安全道路，就是安全各领域、各要素、各层面统筹治理，创建当代中国国家安全治理系统格局。

在国家"大安全"体系中，具有如下三个范畴：

一是大安全范畴，即国家安全(national security)范畴，包括政治安全、国土安全、军事安全、经济安全、文化安全、科技安全、信息安全、生态安全等。

二是中安全范畴，即公共安全(public security)范畴，包括食品安全、生产安全、消防安全、交通安全、特种设备安全、核安全、社会安全、国境检验检疫等，如表 1-1 所示。

表 1-1　公共安全范畴的界定

公共安全范畴	国际界定		国内学术界定			国内行政界定	
	联合国	公共安全顾问组	国内学者界定	中国公共安全科学技术学会	中国标准化研究院	《中华人民共和国突发事件应对法》	《国家中长期科学和技术发展规划纲要(2006—2020年)》
自然灾害	√	√	√	√	√	√	√
事故灾难	√	○	√	√	○	√	√
社会安全	√	○	√	√	√	√	√
IT 安全	○	√	○	○	○	○	○
国土安全	○	√	○	○	○	○	○
生产安全	○	○	√	○	√	○	○
交通安全	√	√	√	○	√	√	√
社会治安(犯罪)	○	○	√	○	○	○	○
经济安全	○	○	√	○	○	○	○
公共生活安全	○	○	√	○	○	○	○
公共利益安全	○	○	√	○	○	○	○
突发事件安全	○	○	○	√	√	√	√
食品安全	○	○	√	○	√	√	√
公共卫生	○	○	√	√	○	○	○
城市安全	○	○	○	√	○	○	○
药品安全	○	○	√	○	○	○	○
信息网络安全	○	○	○	○	√	○	○
国境检验检疫	○	○	○	○	√	○	○

续表

公共安全范畴	国际界定		国内学术界定			国内行政界定	
	联合国	公共安全顾问组	国内学者界定	中国公共安全科学技术学会	中国标准化研究院	《中华人民共和国突发事件应对法》	《国家中长期科学和技术发展规划纲要(2006—2020年)》
煤矿安全	○	○	○	○	○	○	√
消防安全	○	○	○	○	○	○	√
危化品安全	○	○	○	○	○	○	√
生物安全	○	○	○	√	○	○	√
核安全	○	○	○	○	○	○	√

注:√表示包括;○表示不包括

三是小安全,即生产安全(production safety)范畴,包括消防安全、交通安全、职业安全、劳动保护、工业安全(矿山安全、建筑安全、化工安全、冶金安全、运输安全)等。本书探讨的安全风险管控,以小安全为主,涉及中安全,可为大安全参考。因为,无论是大安全还是小安全,都有共同的本质规律,即安全风险的管控规律,其安全风险的管理理论、策略和方法是普适和可借鉴的。

三、我国安全发展的必由之路——科学管控安全风险

面对日益严重的事故灾害的安全风险与危害问题,人类需要大声呼吁:随着社会、经济、技术的高速发展,安全价值理性的不断强化,生命认知的高度升华,我们需要从底线思维到红线意识,从以发展为本到以人为本,从技术至上到文化兴安。经济发展、技术进步是把"双刃剑",人类不能不重视"双刃剑"的不良作用,不能再以牺牲生命和健康为代价来换取经济的高速发展、技术的提升,以及暂时的物质文明和生活的舒适享受,而是需要珍视生命、珍爱健康,从生存权和发展权的高度来认识安全问题,处理好安全与发展、安全与生活、安全与经济、安全与生产的辩证关系。

党的十八大报告曾明确提出了"健全公共安全体系"战略要求,2018年1月7日,中共中央办公厅、国务院办公厅印发《关于推进城市安全发展的意见》,全面指出了在全国范围开展安全发展示范城市创建的工作要求。这些都表明,安全问题在日益得到高度重视的同时,应对与解决安全问题的思维、视角、策略都需要随社会经济发展的客观现实进行有效转变。

无论是国家公共安全体系的构建,还是安全发展型城市的创建,都是一项复杂的系统工程,在国家经济建设与社会发展过程中,不仅需要立足于安全发展的战略高度,也需要有安全系统策略的思维。依据国际普遍共识"安全保障策略"和"三E"对策,建立"三角安全保障体系",如图1-1所示。

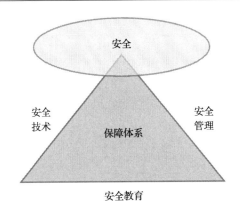

图 1-1 　安全保障"三 E"对策体系三角原理

"科技三分天地，管理半壁江山，文化关键作用"，即安全技术(科技)的作用是重要的，但也是有限的，而安全管理的作用具有"半壁江山"的支撑作用。因此，发挥好安全风险管控的作用，对保障安全具有十分重要的意义。

长期以来，在公共安全、生产安全领域，由于缺乏对安全风险的科学认知，我们普遍推行的管控方式是事后型、经验式、突击式和运动式。安全管理表现为重结果轻过程、重形式轻本质、重因素轻系统、重事后轻源头、重责任轻教训、重现实轻长远、重技术轻文化，这使得我国目前安全监管水平较低，缺乏管控的科学性，安全监管能效较差，与安全发展要求不相适应。因此，安全管理呼唤更为科学、有效、可持续的管理模式和方法。RBS/M(详见第二章第六节)就是在这样的背景下，建立和发展起来的。

RBS/M 力求将安全管控做到最科学、最合理、最有效，最终实现对事故灾害风险的最小化，这是由于：第一，基于风险的管理对象是风险因子，依据是风险分级，目的是降低风险，其管理的出发点和管理的目标是一致和统一的，监管的准则体现了"安全的本质是风险"这一科学规律；第二，基于风险分类和分级的管理，能够保证管理决策的科学化、合理化，从而减少安全监管措施的盲目性和冗余性，提高安全管控的效能和效果；第三，基于风险的管理以风险的辨识和评价为基础，可以实现对事故发生概率和可能损失程度的综合防控，从而使管控具有全面性、系统性。建立符合本质安全规律的，系统、科学的风险管理理论和方法，能实现各级政府的科学安全监察和组织及企业的有效安全管理。

第二节　工业化带来的公共安全风险

一、近 30 年我国生产安全事故总体状况

据国际劳工组织统计，全世界每年大约发生 2.7 亿起职业事故和 1.6 亿例与工

作相关的疾病，每年大约有 200 万人死于职业事故或与工作相关的疾病。有害物质每年致使 43.8 万工人死亡，由于职业人员的工伤事故、职业病及无伤害事故所造成的经济损失占生产总利润的 3%～6%。因此，有效的安全对策除了可以减少事故造成的直接经济损失外，还能提高社会和企业的生产经济效率及效益。

在这些工伤事故和职业危害中，发展中国家所占比例较高，如中国、印度等，事故死亡率比发达国家高出 1 倍以上，比有些国家或地区高出 4 倍以上。

根据中华人民共和国应急管理部公布的我国近 30 年生产安全类事故建立总体统计，如图 1-2 所示。

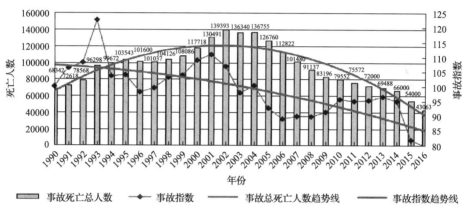

图 1-2　我国 1990～2016 年生产安全事故总量变化趋势规律

由图 1-2 可以看出，我国安全生产形势总体趋于好转，近年来事故死亡人数呈现下降趋势，但每年事故死亡人数总量均处于 3 万人以上，安全生产形势依然严峻。

二、我国近 10 年典型矿山和化工重特大事故案例

煤矿和化工行业发生的重特大事故比例较大，我国近 10 年来在煤矿和化工行业发生的典型重特大生产安全事故如下：

2009 年 11 月 21 日，黑龙江省鹤岗市新兴煤矿井下发生煤与瓦斯突出，遇火发生瓦斯爆炸事故，造成 108 名矿工遇难。

2013 年 11 月 22 日，位于山东省青岛经济技术开发区的中国石油化工股份有限公司管道储运分公司东黄输油管道泄漏原油进入市政排水暗渠，在形成密闭空间的暗渠内油气积聚遇火花发生爆炸，造成 62 人死亡、136 人受伤，直接经济损失 75172 万元。

2014 年 8 月 2 日，江苏省昆山市昆山中荣金属制品有限公司抛光二车间发生特别重大铝粉尘爆炸事故，共造成 75 人死亡、163 人受伤，直接经济损失 3.51 亿元。

2015 年 8 月 12 日，天津市滨海新区天津港瑞海公司危险品仓库发生火灾爆炸事故，事故中爆炸总能量约为 450t TNT 当量，造成 165 人遇难，8 人失踪，798

人受伤，304 幢建筑物、12428 辆商品汽车、7533 个集装箱受损，直接经济损失约 68.66 亿元。

2015 年 12 月 20 日，广东省深圳市光明新区凤凰社区恒泰裕工业园发生山体滑坡，事故造成 73 人死亡、4 人失踪，直接经济损失约 8.8 亿元。

2016 年 11 月 24 日，江西丰城发电厂三期扩建工程发生冷却塔施工平台坍塌特别重大事故，造成 73 人死亡、2 人受伤，直接经济损失 10197.2 万元。

2018 年 11 月 28 日，河北省张家口市桥东区河北盛华化工有限公司附近发生爆炸起火事故，造成 23 人死亡、22 人受伤，事故中过火大货车 38 辆、小型车 12 辆。

2019 年 3 月 21 日，江苏省盐城市响水县陈家港镇化工园区内江苏天嘉宜化工有限公司化学储罐发生爆炸事故，并波及周边 16 家企业。截至 2019 年 3 月 25 日，事故造成 78 人死亡。

三、我国典型铁路交通事故

铁路是一国经济大动脉，铁路事故不仅造成群死群伤，还会造成重大经济、社会损失。表 1-2 是近 30 年来我国典型铁路交通事故统计。

表 1-2　典型铁路事故案例

时间	铁路事故	伤亡情况
2011 年 7 月 23 日	甬温线动车追尾	40 死 200 余伤
2011 年 3 月 24 日	乌鲁木齐公交车与列车相撞	5 死 30 余伤
2010 年 5 月 23 日	沪昆线列车脱轨	19 死 71 伤
2009 年 7 月 29 日	广西柳州柳城火车脱轨	4 死 71 伤
2009 年 6 月 29 日	湖南郴州铁路火车相撞	3 死 63 伤
2008 年 4 月 28 日	胶济铁路火车相撞	72 死 416 伤
2008 年 1 月 23 日	山东动车组撞人	18 死 9 伤
2007 年 2 月 28 日	新疆列车因大风脱轨	3 死 34 伤
2006 年 4 月 11 日	京九线列车追尾	2 死 18 伤
2005 年 7 月 31 日	西安至长春列车脱轨	5 死 30 伤
2005 年 7 月 16 日	湖北一火车与运载钢管重卡相撞	1 死 4 伤
2005 年 5 月 1 日	北京桑塔纳抢道被火车撞飞	2 死 1 伤
2001 年 7 月 13 日	四川达成铁路路外伤亡	22 死 16 伤
2001 年 4 月 20 日	滨洲线列车出轨	2 死 25 伤
1999 年 7 月 9 日	武昌开往湛江的列车脱轨	9 死 40 伤
1997 年 4 月 29 日	京广线湖南境内列车相撞	338 死 230 伤
1994 年 1 月 15 日	襄樊开往北京的列车与货车相撞	7 死 12 伤
1993 年 7 月 10 日	北京开往成都的列车与货车追尾	40 死 48 伤
1992 年 3 月 21 日	浙赣线列车与货车相撞	15 死 25 伤
1991 年 6 月 13 日	北京开往苏州的列车与货车追尾	1 死 28 伤

第三节 我国面临的城市公共安全风险挑战

根据我国城市公共安全范畴相关领域统计，城市公共安全风险统计如下：

(1)每年因自然灾害造成人员死亡约 1.6 万人。

(2)每年因自杀死亡者高达 28.7 万人。

(3)每年约有 20 万人死于药物不良反应。

(4)每年死于尘肺病约 5000 人(估算)。

(5)每年约有 13 万人死于结核病。

(6)每年报告甲、乙类传染病 30 多万例，死亡 1 万多人。

(7)每年道路交通事故死亡约 10 万人。

(8)每年因装修污染引起的死亡人数已达 11.1 万人。

(9)每年工伤事故死亡约 13 万多人。

(10)每年触电死亡约 3000 人。

(11)火灾年平均损失近 200 亿元，并有 2300 多名民众伤亡。

(12)每年各类刑事案件死亡近 7 万人。

(13)每年过劳死人数达 60 万。

(14)每年因大气污染死亡 38.5 万人。

(15)每年医疗事故死亡 20 万人(估算)。

统计表明，各类伤亡数据呈逐年增长的趋势。

第四节 我国公共安全风险的防范策略

一、国家层面的安全发展顶层设计

发展的本质是创新和治理，我国公共安全需要安全发展的顶层设计，即构建公共安全的治理体系。依据国家安全发展的战略思想、原则和目标，基于对安全发展的态势和趋势分析，提出如下"十坚持、十治理"的国家安全发展战略的治理体系：

(1)坚持安全红线，理念长治。全社会要牢固树立"以人为本、生命至上"的安全观，正确处理好安全与发展、安全与经济的关系，把保护人民的生命安全作为国家的核心价值和政府治国理政的最高职责。坚守安全红线意识，树立安全核心价值理念，让安全发展成为全党、全国人民深切理解、普遍接受的，发自内心的自我需求和承诺。

(2)坚持安全第一，标本兼治。要将"安全第一、预防为主、综合治理"作为安全发展的根本方针，既重视安全技术，更重视安全行为管理；既重视事故追责，更重视预防担责；既要有超前预防，更要能危机应对；既要有人力的投入，更要有资金的投入。总之，既要治标，更要治本。

(3)坚持系统安全，综合施治。习近平总书记提出的"党政同责、一岗双责、齐抓共管、失职追责"安全生产举措①，就是"安全生产系统观"和安全综合施治的具体体现。做好安全生产工程需要系统工程的对策措施，全面实施安全综合施治策略。长期坚持安全生产的系统工程对策举措是实现安全生产根本好转和稳定提升的必由之路。

(4)坚持本质安全，科学根治。依靠科学技术的进步提高社会、企业本质安全水平，是提升安全发展保障能力，提高事故和灾害预防水平的重要对策。全社会、各行业、各领域要遵循安全发展的科学规律，强化科技强安，提高安全发展对策措施的针对性、科学性和有效性，推进基于安全本质规律的科学发展导向和科学方法体系，提高安全发展的技术支撑、管理支持、监督保障的科学化能力和水平。

(5)坚持超前预防，隐患查治。超前预防就要做到源头防治、隐患查治。事故隐患就是事故的根源和致因，超前预防的着力点就是要源头治理、隐患整治。只有从根源上把预防的各项措施落到实处，做到防患于未然，才能牢牢把握安全发展的主动权。全社会要坚持从源头抓安全，从每一项工程、每一个环节抓起，把预防的理念贯穿到国家治理、社会经济活动的全过程，通过对事故隐患的排查、消除、整改，将导致事故灾害的根源和致因消灭在萌芽状态。

(6)坚持风险管控，分级防治。基于风险的管控，是现代安全管控的科学模式和方法体系。通过安全风险的分级管控，能够提高安全工作的科学性、合理性和有效性。加强安全风险管控，就是要做到从发展规划布局到立项建设全过程，从社会经济生产到民生生活全领域，从生产安全到公共安全全方面，实行基于安全风险评价的分类分级管控，实现"高危低风险、无险无事故"的国家、社会安全治理状态。

(7)坚持责任体系，全员共治。安全责任制是所有安全制度的第一制，也是安全发展成败的基本保障制度。安全责任体系的内涵是"党政同责、一岗双责；人人参与、人人有责"。"党政同责、一岗双责"解决安全发展的领导力和决策力，"人人参与、人人有责"提高全民的安全执行力和落实力。

(8)坚持改革创新，强化法治。"立善法于天下，则天下治；立善法于一国，则一国治"。同理，立善法于安全发展，则安全发展能治。要注重运用法治思维和法治方式，着力完善安全发展的法律法规和标准，着力强化严格安全执法和规范执法，着力提高全社会安全法制的意识、履行安全法律规范的观念，提高安全法

---

① 习近平：党政同责　一岗双责　齐抓共管　失职追责．(2015-08-17)[2019-10-12]. www.xinhuanet.com/politics/2015-08/17/c_1116281206.htm.

规的执行力。

(9)坚持文化兴安,励精图治。人的原因是事故灾害的第一主因,人的因素是安全发展的最基本因素。安全文化是安全发展的根本和灵魂。通过社区安全文化、校园安全文化、企业安全文化的建设,强化全民安全观念,增强全民安全意识,提高全民的安全素质,培塑"本质安全型人",让社会人成为"安全人"、让企业员工成为"安全员",以支撑实现社会安全发展、国家长治久安。

(10)坚持基础建设,固本而治。党的十八大报告提出了强化公共安全体系和企业安全生产基础建设的要求。安全基础建设能够奠定安全发展之根本,安全基础建设决定安全发展之久远。安全发展的基础建设就要重视安全发展的"基础、基本、基层"的"三基"建设,全面提升安全发展的"三基"保障能力。安全发展"三基"建设战略包括安全的人员队伍、资金投入的"基本保障";安全科技、安全管理、安全培训工作的"基础强化";社会单元、企业组织的"基层保护"。通过强安全之基、实现固发展之本。

"十坚持、十治理"的安全发展战略思路,给出了安全发展战略的主要路径。通过安全发展体系的不断创新,这样定能实现国家之兴、人民之梦、社会之成的安全发展局面。

二、社会层面的公共安全风险管控策略

面对事故灾害所造成的如此高昂的生命、健康与财产代价,人们在思考:人类为了眼前的利益和享受所承担的技术风险是否值得?与获得技术成果相适应且合理的生命、健康、经济的风险代价水平是多少?我们能否把技术风险代价再减小一些?当我们面对世界上惊人的"无形战争"后果时,或许人们会更为清醒和理智地反省,从而更加"善待生命,正视现实,警觉灾患"。要想有效地战胜人为技术和自然存在的事故灾害风险,我们需要实施如下管控策略。

1. 让平安的愿望变为安全的行动

平安,人生最基本的企望,人生最美好的祝福。当我们是孩子的时候,父母用全身心保护我们的安康;当我们进入学生时代,老师和亲人祝福我们平安成长;当我们成家立业,亲人和朋友日夜期望着我们从工作岗位上平安归来;当我们进入老年,孩子和朋友愿我们健康长寿,安享晚年。人生平安对于我们现代社会是如此的平常和必需,而又是如此的难觅和难得。

在我们生存的现代环境里,无论是家庭生活还是公共娱乐,无论是工作还是生活,无论是在室内还是在户外,都存在着来源于人为或自然的危险及危害,对我们的生命、健康和财产产生威胁。君可见:以分秒为计的交通死亡事故;每时每刻都在发生的无情火灾;诸多职业事故导致的伤残和早逝;家庭生活失误造成的倾家荡产和终生悔痛等。这些威胁往往来自于现代生活中高层人造空间和机、

电、化学、毒气等物品的危险；来自于风暴、水灾、地震、地陷等自然灾害。对此，我们基本的法宝就是依靠科学，唯有安全科学是事故和灾难的"克星"。尽管今天的安全科学技术还不能对每一个人或每一件事的发展过程中是否会发生事故或灾祸做出精确的预测或推断，但只要我们有一份警觉，懂得一些知识和规律，掌握一些避难和应急的方法，做到"超前防范"和"临危能应"，我们就能把天灾和人祸可能造成的伤害及损失降低到最小程度，就能在灾祸发生时获得最大的生存机会。

因此，实现平安生存和安全生产的最基本法宝就是在安全科学知识的指导下，变平安的愿望和祈求为安全的意识和安全的行动。

2. 提高人们的安全素质从自我做起

生存于现代社会，人们拥有豪华富丽的高层建筑和居家环境，享受着方便实用的电器，有了便利的交通，还有刺激的娱乐场所。无论是在工业企业还是国家机关工作，无论是在居家生活还是在公共娱乐场所，不管是在室内活动还是在户外游乐，不管是行进在街道还是社区，每一个公民都应意识到时时处处都存在着来源于人为或自然的、不同形式和规模的、随着现代技术发展而变化的各种危险及危害。在这种环境中，我们每个人都应该思考一个问题：如何提高现代社会公民的安全素质？

面对严重的技术风险导致的事故，每一个公民首先必须要做的事情，就是行动起来，为了自身安全素质的提高而努力。提高公民安全素质，最为基本和重要的是从如下两方面入手：一是懂得必需的安全知识——要了解生活和生产过程中的基本安全常识，认识各种危险物质，知晓危险场所和危害地点，懂得防范事故和灾害风险等；二是学会应有的安全技能——学会使用灭火器和消防报警设备，能够在商场或宾馆遇险逃生，掌握事故和灾害应急方法，学会工作和生活过程中一般预防和防范事故及危险的方法和技术等。

3. 防范风险需要采用系统综合对策

生命对于我们只有一次，安全意味着幸福、康乐、效率、效益与财富，因此，我们要把防范技术风险的理念变为实际的行动。为此，需要综合的策略和方法：

第一，全社会要有强烈的安全意识。我们之中的很多人还需要从轻视和迷糊中警醒，从司空见惯的麻木和随意侥幸中觉悟。安全行为应成为我们每个人的自觉行为，力求防患于未然。

第二，全民树立遵规守纪的安全观念。生命安全是最大的人权。要从人权和法制的高度来认识安全对于生命的意义。《世界人权宣言》确认，人人享有生命、自由和人身安全的权力。《中华人民共和国宪法》规定，公民有劳动的权利和获得劳动保护的权力。不论是极左思想还是利益驱动，带病上岗、疲劳工作都是侵犯人权，要钱不要命更是对生命的犯罪。

第三，人民要懂得应有的安全知识。无知是最大的灾难。知识就是力量，知识也是维护生命安全的力量。身边一切事物的安全知识，都是应该学习的，尤其重要的是那些过去发生的各种事故的经验教训总结，更需要学习和了解。对于已知世界是如此，对未知世界也是这样。人类并不会因为一次意外的出现，就会永远不再碰到其他意外了。在不断认识和探索自然的过程中，只要有认识不清的客观规律，人们就有可能违背客观规律行事，就会碰到各种意外事故。因此我们还要学习探索未知世界的安全知识。

第四，个人要学会应有的安全技能——应对处理意外事故。光懂得安全知识还不够，靠本能去应对事故更是危险万分，学习和掌握正确的事故处理方法，必要时还应该接受有关训练。公众仅仅认识到生命安全的权利和自身具有的本能还不够，还必须有安全避险的科学知识和技能，而这些不是生下来就自然会的，是需要经过培训和锻炼，逐渐形成正确的安全哲学和安全思维观，这才是安全文化教育的根本核心。有了科学的思维、逻辑方法，公众才有正确的判断、决策能力。

第五，组织与企业要遵守安全法规。任何企业和组织，要严格遵守安全法规、标准，执行国家、行业、地方各级政府颁布的安全法令和规程，保障应有的安全投入，采取科技、工程、管理、制度、培训、文化建设等手段，落实全面的安全主体责任。

第六，各级政府要运用政治、行政、经济、金融、文化等手段，通过立法、执法、监察、监管、教育、行政许可、监测检验等措施，建立起事前预防、事中应急、事后补救的安全保障体系，以推进社会安全发展，提高全民的安全保障水平。

第二章　安全风险管控理论基础

第一节　基本概念术语

一、风险的基本概念

天有不测风云，人有旦夕祸福，生产和生活中充满了来自自然和人为（技术）的风险（risk）。安全风险是指安全不期望事件概率（probability）与其可能后果严重程度（severity）的结合。

对于风险的定义有多种。

定义 2.1：不确定性对目标的影响（effect of uncertainty on objectives）。

注 1：影响即偏离预期。影响可以是积极的、消极的或者两者兼有，并且可以解决、创造或导致机会或威胁；

注 2：目标可以有不同的方面和类别，可以应用于不同的层面；

注 3：风险通常用风险来源、潜在事件、后果及其可能性表示。

来源：《风险管理指南》（ISO 31000—2018）

定义 2.2：不确定性的影响（effect of uncertainty）。

注 1：影响即偏离预期，可以是积极的或消极的；

注 2：不确定性是一种状态，是指对某一事件及其后果或可能性缺乏（或部分缺乏）信息、理解或知识；

注 3：风险通常以潜在事件和后果，或事件与后果的组合为特征；

注 4：风险通常用事件的后果（包括环境变化）及其相关事件发生的可能性的组合来表述。

来源：《职业健康与安全管理系统使用指导要求》（ISO 45001—2018）

定义 2.3：危险事件发生或暴露的可能性及其导致的伤害或疾病的严重程度的组合（combination of the likelihood of an occurrence of a hazardous event or exposure(s) and the severity of injury or ill health that can be caused by the event or exposure(s)）。

注：这里的疾病是指由工作活动和/或与工作有关的情况引起和/或使情况恶化的可识别的、不利的身体或精神状况。

来源：《健康管理和安全——要求》（BS OHSAS 18001—2007）

定义 2.4：不确定性对目标的影响。

注 1：影响是指偏离预期，可以是正面的和/或负面的；

注 2：目标可以是不同方面（如财务、健康与安全、环境等）和层面（如战略、

组织、项目、产品和过程等)的目标;

注3:通常用潜在事件、后果或者两者的组合来区分风险;

注4:通常用事件后果(包括情形的变化)和事件发生可能性的组合来表示风险;

注5:不确定性是指对事件及其后果或可能性的信息缺失或了解片面的状态。

来源:《风险管理　术语》(GB/T 23694—2013/ISO Guide 73:2009)

在安全生产领域,风险可表述为安全生产事故、职业危害事件等不期望事件发生的概率及其可能导致的后果的组合,是描述系统安全程度或危险程度的客观量。风险 R 具有概率和后果的二重性,风险可用事故发生的可能性(发生概率)P 和可能发生事故的严重性 L 的函数来表示,即

$$风险R = f(P, L) \tag{2-1}$$

事故发生的可能性(发生概率)P 涉及 4M 因素,即人因(men)——人的不安全行为;物因(machine)——物的不安全状态;环境因素(medium)——环境的不良状态;管理因素(management)——管理的欠缺。因此,可能性概率函数 P 表示为

$$可能性概率函数 P = f(人因,物因,环境因素,管理因素) \tag{2-2}$$

可能发生事故的严重性 L 涉及时机因素、客观的危险性因素(能量程度、损害对象规模等)、环境条件(区位及现场环境)、应急能力等维度。因此,事故后果严重性可表示为以上四个维度的函数。

$$事故后果严重性函数 L = f(时机,危险性,环境,应急) \tag{2-3}$$

式中,时机为事故发生的时间点及时间持续过程;危险性为系统中危险的大小,由系统中含有的能量、规模决定;环境为事故发生时所处的环境状态或位置;应急为发生事故后应急的条件及能力。

在实际的风险分析工作中,有时人们主要关心事故所造成的损害(损失及危害)后果,并把这种不确定损害的期望值叫作风险,这为狭义的风险,即当 $P=1$ 时,风险 R 可写为

$$R = E(L) \tag{2-4}$$

同理,当 $L=1$ 时,风险 R 是事件 X 的概率,则有

$$R = P(X) \tag{2-5}$$

二、个体安全风险

个体风险通常会用作对风险进行定量的一个重要指标,用来表现事故的发生

对某点个体的可能危害。个体风险的研究最早从国外开始。

荷兰房屋、空间规划与环境部对个体风险(individual risk)的定义为：由于发生了灾害性事件，固定出现在某地的没有保护措施的个体发生死亡事件的概率。

英国健康与安全执行委员会(HSC)对个人风险的定义如下：固定出现在危险、高温、有毒，或压力容器爆炸风险中的个体的风险。该定义中的危险物质有可能导致人员的伤残，严重时会导致死亡。

我国学者对不同研究领域的个体风险进行了定义：

(1)公共场所个体风险是单位时期内暴露在公共场所某位置的一个未采取任何保护措施的个体，因周围危险源发生事故而导致其死亡的概率，体现了提供给每一个体的防护程度，其大小取决于所在点的位置。

(2)地质灾害的个体风险指未来一定时期内，一个人遭受某地质灾害而伤亡的概率。

《化工企业定量风险评价导则》(AQ/T 3046—2013)中将个体风险定义为：个体在危险区域可能受到危险因素某种程度伤害的频发程度，通常表示为个体死亡的发生频率。

《危险化学品生产、储存装置个人可接受风险标准和社会可接受风险标准(试行)》中对个人风险定义为：因危险化学品生产、储存装置各种潜在的火灾、爆炸、有毒气体泄漏事故造成区域内某一固定位置人员的个体死亡概率，即单位时间内(通常为一年)的个体死亡率。通常用个人风险等值线表示。

通过归纳可以发现个体风险包含两层基本含义和关键点：

(1)定义中的个体风险是一个概率，它主要包含两方面的含义，系统受到外界因素影响和自身的原因导致系统发生事故的可能性大小和发生事故后果的严重程度；

(2)个体风险是描述区域定点的风险，是在单位时间内发生的，暴露于危害事件或者危险源周围的某点的人员遭受损害的程度。

个体风险的定义存在如下差异：

(1)个体风险中危险物质包含了人员死亡的情景，同时包含事故导致的人员伤害或残疾。有的定义只包含人员死亡的情景，有的定义涵盖了人员造成受伤的情景。

(2)一些定义强调了个体是未采取任何保护措施的，其他定义没有涉及这一点。

以特种设备中的压力管道为例，压力管道产生的破坏不仅仅会造成人员的生命损失，还会造成风险区域内的建筑物受损等情景。同时，基于现实情况，个体应该是在采取保护措施的情况下，因此将应对能力、社会救援资源等一同考虑在内。压力管道个体风险可以定义为：在单位时间内，压力管道各种潜在的风险事件造成特定区域内的人员、建筑物等遭受损害的频率。

压力管道个体风险用于描述压力管道风险区域内某点的个体风险情况，其具有如下典型特征：

(1)隐蔽性。压力管道的个体风险较为隐蔽，平时不表现出来，当一定强度的外界扰动发生时，压力管道会由隐性的风险变为显性的个体风险。

(2)系统性。压力管道及周边区域构成一个复杂的耦合系统，相互影响，呈现出高度交互性。

(3)突变性。压力管道个体风险的逐步演变是突发性的，系统的崩溃往往发生在一瞬间，一个系统由安全状态变为危险状态的过程不是呈现线性变化。

(4)动态性。压力管道的个体风险对周边区域的影响随着内外部环境和运行条件以及时间与空间的变化存在明显的差异。

(5)后果多样性。压力管道多为密闭系统，但局部的失效往往牵一发而动全身，甚至导致整个系统的瘫痪，而且由于采取的控制措施不同，产生的后果也具有多样性。

三、宏观安全风险

宏观的基本含义如下：

(1)哲学术语，与"微观"相对。不涉及分子、原子、电子等内部结构或机制，如宏观世界，宏观观察。

(2)泛指大的方面或总体方面。例如，从宏观经济的角度来考察，轻纺工业的增长情况如何，对国民经济的发展有着举足轻重的作用。

宏观安全风险(macro safety risk)是指从较大时间尺度和空间范围来度量的系统性、综合性、社会性安全风险，是现代社会生产、生活过程涉及的风险源可能导致的不安全事件或事故灾害发生可能性、后果严重性与危害敏感性的组合。

(1)宏观安全风险的研究范畴是多维度视角下的风险防控规律。

多种时间尺度：风险过程、周期、时段、过去、现实、未来；

多种空间范围：点(作业岗位、生活活动等)、线(电力、交通、能源等生命线)、面(场地、园区、社区等)、体(人造系统-设备设施、自然系统-山体水体等)；

多种应用领域：政府监察、行业监管、技术检验、企业管理、设备管理等。

(2)宏观安全风险具有社会性、系统性、综合性特点。

社会性：宏观安全风险具有社会风险的属性，不仅考量本体(设备)风险因素，还需考量受体风险因素；

系统性：宏观安全风险以系统为研究对象，不仅涉及设备、人员、环境和社会等因素的主要特征和状态，还包含系统因素间的内在联系；

综合性：宏观安全风险具有自然风险与社会风险、个体风险与群体风险综合的特性，包括生命风险、健康风险、环境风险、信息风险、经济风险、法律风险、政策风险、稳定风险、发展风险等形态。

(3)宏观安全风险表示为可能性、严重性和敏感性的组合。

可能性：不安全事件或事故发生的可能性；

严重性：不安全事件或事故发生可能的后果严重度；

敏感性：不安全事件或事故发生的时间、空间或系统的影响敏感程度。

宏观安全风险以风险源为研究对象，主要基于系统学、信息学、安全学、灾害学等学科的理论和方法，研究成果可应用于企业、行业、政府、社会的宏观安全风险监管和系统安全风险综合防控等领域，可为食品安全、生产安全、交通安全、消防安全、特种设备安全、防灾减灾、核安全、社会治安、公共卫生、自然灾害防御等公共安全、国家安全的目标提供理论和方法支持。

以在公共安全与生产安全领域涉及的特种设备为例，特种设备的微观安全风险以材料和物料为研究对象，基于物理和化学的风险分析研究，主要应用于特种设备的设计、研制等环节；特种设备的中观安全风险以结构和设备为研究对象，基于力学和工程学的风险分析研究，主要应用于制造、安装、检验等过程或环节；特种设备的宏观安全风险则以系统(人与设备、设备与环境、本体与受体)为研究对象，基于系统学、信息学、安全学的风险分析研究，应用于设备的运行和使用过程等环节。针对特种设备的宏观安全风险研究，能够满足各级政府的安全监察、产业行业的安全监管、技术部门的安全检验、企业及使用单位的安全管理等业务和工作需要。

四、风险管控的重要术语

1. 危险

定义 2.5：危险是指某一系统、产品、设备或操作的内部和外部的一种潜在的状态，其发生可能造成人员伤害、职业病、财产损失、作业环境破坏的状态。危险的特征在于其危险可能性的大小与安全条件和概率有关。危险因素是指可能造成人员伤害、职业病、财产损失、作业环境破坏的因素。

危险的定义是可能产生潜在伤害或损失的征兆。它是风险的前提，没有危险就无所谓风险。危险是客观存在，是无法改变的，而风险却在很大程度上随着人们的意志而改变，即按照人们的意志可以改变危险出现或事故发生的概率，和一旦出现危险由于改进防范措施从而改变损失的程度。

2. 隐患

定义 2.6：可能导致事故发生的物的危险状态、人的不安全形为和管理上的缺陷(国家安全生产监督管理总局令　第 16 号《安全生产事故隐患排查治理暂行规定》)。

定义 2.7：企业的设备、设施、厂房、环境等方面存在的能够造成人身伤害的各种潜在的危险因素(《现代劳动关系辞典》)。

定义2.8：劳动场所、设备及设施的不安全状态，人的不安全行为和管理上的缺陷(1995年，劳动部出台的《重大事故隐患管理规定》)。

定义2.9：生产经营单位违反安全生产法律、法规、规章、标准、规程和安全生产管理制度的规定，或者因其他因素在生产经营活动中存在可能导致事故发生的物的危险状态、人的不安全行为和管理上的缺陷(2007年，国家安全生产监督管理总局颁布的《安全生产事故隐患排查治理暂行规定》)。

隐患与危险、危险源与事故(及其后果)的关系如图2-1所示。

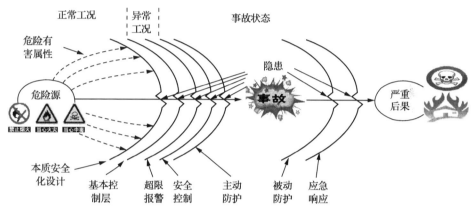

图2-1　隐患与危险、危险源与事故(及其后果)的关系

3. 风险与危险

在通常情况下，"风险"的概念往往与"危险"或"冒险"的概念相联系。危险是与安全相对立的一种事故潜在状态，人们有时用"风险"来描述与从事某项活动相联系的危险的可能性，即风险与危险的可能性有关，它表示某事件产生事故灾害的概率。事件由潜在危险状态转化为伤害或损失的事故往往需要一定的激发条件，风险与激发事件的频率、强度及持续时间的概率有关。

严格地讲，风险与危险是两个不同的概念。危险只是意味着一种现在的或潜在的不希望事件状态，危险出现时会引起不幸事故。风险用于描述未来的随机事件，它不仅意味着不希望事件状态的存在，更意味着不希望事件转化为事故的渠道和可能性。因此，有时虽然有危险存在，但并不一定要冒此风险。我们可以做到客观危险性很大，但实际承受的风险较小。因此，我们不惧怕危险，而要敬畏风险，追求"高危低风险"的状态。

4. 风险预报

风险预报也称风险报警，是指对风险的预先辨识报告。风险预报需要全员参与，是风险预警、预控的基础。风险预报的方式包括现场监控技术自动报警，网络管理信息自动报警，现场作业人员主动报警，部门管理人员专业报警等。

5. 风险预警

风险预警是指对风险的预先警示，一般是安全专业人员根据风险性质做出的专业化警告。风险预警是风险预控的根据。风险预警的对象及方式包括：对决策层预警——网络查询方式；对管理层预警——网络查询方式；对操作层预警——报警及反应方式。

6. 风险预控

风险预控是指对风险的预先管理性防控措施。风险预控的措施包括：决策型预控——规划、改进、治理、完善方案，以及启动应急预案等；管理型预控——规制、监督、检查、评估、审核等；反应型预控——操控、处置、逃生、救援等。

第二节　安全与风险的关系

安全是人们可接受风险的程度，当风险高于某一程度时，人们就认为是不安全的；当风险低于某一程度时，人们就认为是安全的。那么如何理解这一程度呢？由此我们引入安全度的概念。

一、安全度理论

安全度是衡量系统风险控制能力的尺度，表示人员或者物质的安全避免伤害或损失的程度或水平；风险度是指单位时间内系统可能承受的损失，是特定危害性事件发生的可能性与后果的严重度的结合。就安全而言，损失包括财产损失、人员伤亡损失、工作时间损失或环境损失等。如果某种危险发生的后果很严重，但发生的概率极低，另一种危险发生的后果不很严重，但发生的概率很高，那么有可能后者的危险度高于前者，前者比后者安全。

安全的定量描述可用"安全性"或"安全度"来反映，"安全度"的数学表述为

$$安全度 = F(R) = 1 - R(P,L), 0 \leqslant 安全度 \leqslant 1 \tag{2-6}$$

式中，R 为系统的风险；P 为事故发生的可能性（发生概率）；L 为可能发生事故的严重性。

二、安全风险基础理论

安全度定律揭示了如下安全与风险的关系和规律：

(1)安全是风险的函数，风险是安全的变量；

(2)安全度的影响因素是风险程度或水平；

(3)实现安全最大化取决于风险最小化；

(4)风险度为 0，安全度为 100%。

安全与风险，既对立又统一，即共存于人们的生产、生活和一切活动中，不以人们的意愿为转移而客观存在。安全度与风险度具有互补的关系。安全度高，风险度低，发生事故的概率小。安全度与风险度在某项活动中总是此涨彼落或此落彼涨的。这一点我们的祖先早就认识到，在《庄子·则阳》中就有"安危相易，祸福相生"以及《老子》中"祸兮福所倚，福兮祸所伏"的告诫。

安全度法则告诉我们，安全与风险是一对矛盾体，一方面双方互相反对，互相排斥，互相否定，安全度越高危险势越小，安全度越小危险势越大；另一方面，安全与危险两者相互依存，共同处于一个统一体中，存在着向对方转化的趋势。由此可知，要想提高系统的安全度，就要着手降低风险度，事故是风险的产物，风险度降低了，安全度就提高了。

三、安全度的应用

根据安全度法则，提高系统安全水平有如下两个战略性的策略。

策略之一：分散系统规模，控制可能的后果严重度。

已知：风险 $R=$ 可能性(概率)$P\times$后果(程度)L；设：$L=L_1+L_2+L_3$，$L_1=L_2=L_3=L/3$；由于 L_i 难以同时发生；所以 $R_i=P\cdot L_i=P\cdot(L/3)$；通过严重度的分散策略，实现 $R_i<R$。

策略之二：增加冗余事件，改变事件发生概率。

已知：风险 $R=$ 可能性(概率)$P\times$后果(程度)L；设：$R_D=R_1\cdot R_2\cdot R_3$，$P_1=P_2=P_3=P$；由于 $P_D=P_1\cdot P_2\cdot P_3=P^3$；所以 $R_D=L\cdot P_D=L\cdot P^3$；通过调整概率的策略，实现 $R_D<R$。

第三节　安全风险因素的分类

风险具有定性和定量的含义，风险因素是指风险的定性概念。风险因素具有不同属性和特性，从不同的属性将风险因素进行不同的分类。对风险因素进行全面的分类学研究，对于了解风险特性、本质和范畴具有重要的作用。

一、按损失承担者分类

从损失承担者的角度，风险因素可分为如下几类：

(1)个人风险，指个人所面临的各种风险，包括人身伤亡、财产损失、情感圆满、精神追求、个人发展等。

(2)家庭风险，指家庭所面临的各种风险，包括家庭成员的精神身体健康、家庭的财产物质保证、家庭的稳定性等。

(3)企业风险，指企业所面临的各种风险。企业是现代经济的细胞，因此围绕企业发展的相关课题得到了广泛的研究。近年来，随着市场竞争的日趋激烈，企业风险管理引起了学者和企业决策人员的高度重视。

(4)政府风险，指政府所面临的各种风险，如政府信任危机、政治丑闻等。

(5)社会风险，指整个社会所面临的各种风险，如环境污染、水土流失、生态环境恶化等。

二、按风险损害对象分类

从风险损害对象的角度，风险因素可分为如下几类：

(1)人身风险，指人员伤亡、身体或精神的损害。

(2)财产风险，包括直接风险和间接风险(如业务和生产中断、信誉降低等造成的损失)。

(3)环境风险，指环境破坏，对空气、水源、土地、气候和动植物等所造成的影响和危害。

三、按风险来源分类

从风险来源的角度，风险因素可分为如下几类：

(1)自然风险，指自然界存在的可能危及人类生命财产安全的危险因素所引发的风险，如地震、洪水、台风、飓风、海啸、恶劣的气候、陨石、外星体与地球的碰撞、病毒、细菌等。

(2)技术风险，泛指由于科学技术进步所带来的风险。技术风险包括：各种人造物，特别是大型工业系统进入人类生活带来的巨大风险，如化工厂、核电站、水坝、采油平台、飞机轮船、汽车火车、建筑物等；直接用于杀伤人的战争武器，如原子弹、生化武器、火箭导弹、大炮坦克、战舰航母等；新技术对人类生存方式、伦理道德观念带来的风险，如"克隆"技术、计算机网络对人类的冲击等。其中，工业系统风险是技术风险的主要内容，也是我们的主要管理对象。

(3)社会风险，指社会结构中存在不稳定因素带来的风险，包括政治、经济和文化等方面。

(4)政治风险，指国内外政治行为所导致的风险，如国家战争、种族冲突、国家动乱等。

(5)经济风险，指在经济活动中所存在的风险，如通货膨胀、经济制度改变、市场失控等。

(6)文化风险，如腐朽思想、不良生活习惯(如酗酒、吸烟、吸毒等)对人们身心健康的影响。

(7)行动风险，指由于人的行动导致的风险。所谓"天下本无事，庸人自扰之""一动不如一静""动辄得咎"等，都是指人们面临的许多风险都是自己的行为导致的。另外，人们为了追求某种利益，必须采取一定行动，并承担一定风险。

上述划分不是绝对的，现在出现了"自然-技术-社会-行为风险"一体化的综合风险趋势。例如，环境污染，既有大自然变化的因素，也有技术进步带来的负面因素，更有一些社会经济决策失误的因素。

四、按风险存在状态分类

从风险存在状态的角度，风险因素可分为以下几类：

(1)固有风险，指系统本身客观固有的风险。对于特定系统，固有风险是客观不变的。

(2)现实风险，指系统在约束条件下，对个体或社会的现实风险影响。现实风险是变化动态的。

五、按风险影响范围分类

从风险影响范围的角度，风险因素可分为以下几类：

(1)个体风险(单一对象)，指个人或单一对象所面临的风险，包括人身安全、财产安全、系统破坏等。

(2)社会风险(综合影响)，指整个社会所面临的各种风险，如群体伤害、社区危害、环境污染、水土流失、生态环境破坏等。

六、按风险意愿分类

从风险意愿的角度，风险因素可分为以下几类：

(1)自愿风险，指个人、社会或企业自愿承担的风险。如事故应急处置状态下的风险，有刺激的娱乐活动、抽烟等，都是自愿风险。对于自愿风险，人们可承受的风险水平较高。

(2)非自愿风险，指个人、社会、企业不愿意承担的风险。安全生产类风险，如各类事故、隐患、缺陷、违规等不期望事件，都是非自愿风险。对于非自愿风险，政府、社会和企业的控制责任较大，可接受的水平较低。

七、按风险程度分类

从风险程度的角度，风险因素可分为以下几类：

(1)一般风险，发生可能性较低，造成的影响或损失较小的风险。

(2)较大风险，发生可能性较大，造成的影响或损失较大的风险。

(3)重大风险，发生可能性特大，造成的影响或损失特别重大的风险。

也可将风险等级分为红、橙、黄、蓝4级。风险的控制措施要根据级别高低进行有效的设计和实施。

八、按风险表象分类

从风险表象的角度，风险因素可分为以下几类：

(1)显性风险，指显现出形式或后果的风险状态，如停电、触电、坠落、噪声、中毒、泄漏、火灾、爆炸、坍塌、踩踏等突发事件及危害因素。

(2)潜在风险，指存在于潜在或隐形的风险状态，如异常、超负荷、不稳定、违章、环境不良等危险状态及因素。

九、按风险状态分类

从风险状态的角度，风险因素可分为以下几类：

(1)静态风险，指风险的存在状态不因时间或空间的变化而变化的风险，如隐患、缺陷、坠落、爆炸、物体打击、机械伤害等不随时间或空间变化的风险。

(2)动态风险，指风险的存在状态随时间或空间的变化而变化的风险，如火灾、泄漏、中毒、水害、异常、不稳定、环境不良等随时间或空间变化的风险。

十、按风险时间特征分类

从风险时间特征的角度，风险因素可分为以下几类：

(1)短期风险，指存在时间较短的风险，如坠落、爆炸、物体打击、机械伤害、中毒、不安全行为、环境不良等发生过程短或存在时间不长的风险。

(2)长期风险，指存在时间较长的风险，如隐患、缺陷、火灾、泄漏、水害、异常、不稳定等过程长或发展时间较长的风险。

十一、按风险引发事故的原因因素分类

从风险引发事故的原因因素的角度，风险因素可分为以下几类：

(1)人因风险，指风险引发事故的因素是与人因相关的风险，如失误、三违、执行不力等。

(2)物因风险，指风险引发事故的因素是设备、设施、工具、能量等物质因素的风险，如隐患、缺陷等。

(3)环境风险，指风险引发事故的因素是环境条件因素的风险，如环境不良、异常等。

(4)管理风险，指风险引发事故的因素是管理因素的风险，如制度缺失、责任不明确、规章不健全、监督不力、培训不到位、证照不全等。

十二、按风险分析要素分类

从风险分析要素的角度，风险因素可分为以下几类：

（1）设备风险，指针对设备分析的风险，如隐患、缺陷、故障、异常、危险源等。

（2）工艺风险，指针对生产工艺分析的风险，如停电、失电、超压、失效、爆炸、火灾等。

（3）岗位风险，指针对作业岗位分析的风险，如违章、差错、失误、坠落、物体打击、机械伤害、中毒等。

第四节　安全风险的定量

我们对安全生产风险的定义是：安全生产不期望事件的发生或存在概率与可能发生事故后果的组合。这一概念既包含了风险的定性概念，也包含了风险的定量概念。

通俗地讲，风险的定性概念首先是指那些人们活动过程中不期望的事件，如事故、隐患、缺陷、不符合、违章、违规等，这些都称作风险因子，是风险管理的对象或因素；而定量的概念则表达了风险的度量是取决于不期望事件发生的概率与后果的乘积。因此，风险分析就是去研究事件发生的可能性和它所产生的后果。严格地说，风险和危险是不同的，危险是客观的，常常表现为潜在的危害或可能的破坏性影响；而风险则不仅意味着这种能量或客观性的存在，而且还包含破坏性影响和可能性。风险的概念比危险要科学、全面。

在生产和生活实践中，技术的危险是客观存在的，但风险的水平是可控的，也就是"在客观的危险中，但不一定要冒高的风险"。安全活动的意义在于实现"高危低风险"。例如，人类要利用核能，就可能有核泄漏产生的辐射影响或破坏的危险，这种危险是客观固有的，但在核发电的实践中，人类采取各种措施使其应用中受辐射的风险最小化，使之控制在可接受的范围内，甚至人绝对地与之相隔离，尽管仍有受辐射的危险，但由于无发生的渠道，所以我们并没有受到辐射破坏或影响的风险。这里说明人们关心系统的危险是必要的，但归根结底应该注重的是"风险"，因为直接与系统或人员发生联系的是"风险"，而"危险"是事物客观的属性，是风险的一种前提表征。我们可以做到客观危险性很大，但实际承受的风险较小，即"固有危险性很大，但实现风险很低"。

这样，风险可表示为事故发生的可能性（发生概率）及可能发生事故的严重性的函数：

$$风险 R = f(P, L)$$

式中，P 为事件或事故发生的概率；L 为可能发生事故的严重性。对于事故风险来说，L 就是事故的损失（生命损失及财产损失）后果。

风险分为个体风险和总体风险。个体风险是一组观察人群中每一个体(个人)所承担的风险。总体风险是所观察的全体承担的风险。

在 Δt 时间内,涉及 N 个个体组成的一群人,其中每一个个体所承担的风险可由下式确定:

$$R_{个体} = \frac{E(l)}{N\Delta t} \tag{2-7}$$

式中,$E(l) = \int l dF(l)$,l 为危害程度或损失量,$F(l)$ 为 l 的分布函数(累积概率函数)。其中对于损失量 l 以死亡人次、受伤人次或经济价值等来表示。由于有

$$\int l dF(l) = \sum l_k np_{l_i} \tag{2-8}$$

式中,n 为损失事件总数;p_{l_i} 为一组被观察的人中,一段时间内发生第 i 次事故的概率;l_k 为每次事件所产生同一种损失类型的损失量。因此,式(2-7)可写为

$$R_{个体} = l_k \frac{\sum np_{l_i}}{N\Delta t} = l_k H_l \tag{2-9}$$

式中,H_l 为单位时间内损失或伤亡事件的平均频率。

所以,个体风险的定义为

$$个体风险 = 损失量 \times 损失或伤亡事件的平均频率 \tag{2-10}$$

如果在给定时间内,每个人只会发生一次损失事件,或者这样的事件发生频率很低,使得几种损失连续发生的可能性可忽略不计,则单位时间内每个人遭受损失或伤亡的平均频率等于事故发生概率 p_k。这样个体风险公式为

$$R_{个体} = l_k p_k \tag{2-11}$$

式(2-11)表明:个体风险=损失量×事件概率。还应说明的是,$R_{个体}$ 指所观察人群的平均个体风险;而时间 Δt 是说明所研究的风险在人生活中的某一特定时间段,如工作时实际暴露于危险区域的时间。对于个体风险的推导和理解可见表 2-1 和表 2-2,其中对于发生 1 次事故(即 $n=1$)条件下的一人次事故经济损失均值是

$$\begin{aligned}\sum l_{ei} np_i &= \sum l_{ei} p_i \\ &= 0.05 \times 0.9100 + 0.30 \times 0.0520 + 2.00 \times 0.0220 + 8.00 \times 0.0110 + 20.00 \times 0.0037 \\ &= 0.2671(万元)\end{aligned}$$

表 2-1　$n=1$ 时的一人次事故经济损失均值统计分析表

伤害类型	轻伤	局部失能伤害	严重失能伤害	全部失能	死亡
经济损失 l_{ei}/万元	0.05	0.30	2.00	8.00	20.00
概率 p_i	0.9100	0.0520	0.0220	0.0110	0.0037
发生人次	245	14	6	3	1
$l_{ei}p_i$	0.0455	0.0156	0.0440	0.0880	0.0740

表 2-2　$n=1$ 时的一人次事故伤害损失日均值统计分析表

伤害类型	轻伤	局部失能伤害	严重失能伤害	全部失能	死亡
损失工日 l_{di}/天	2	250	500	2000	7500
概率 p_i	0.9100	0.0520	0.0220	0.0110	0.0037
发生人次	245	14	6	3	1
$L_{di}p_i$	1.82	13.00	11.00	22.00	27.75

发生事故一人次的伤害损失工日均值为

$$\sum l_{di}np_i = \sum l_{di}p_i$$
$$= 2 \times 0.910 + 250 \times 0.0520 + 500 \times 0.0220 + 2000 \times 0.0110 + 7500 \times 0.0037$$
$$= 75.57(天)$$

对于总体风险有

$$R_{总体} = \frac{E(l)}{\Delta t} \tag{2-12}$$

或

$$R_{总体} = NR_{个体} \tag{2-13}$$

即：总体风险=个体风险×观察范围内的总人数。

第五节　风险分析与管理模式

一、风险分析与风险管理

根据风险的定义，可导出风险分析(risk analysis)的主要内容。所谓风险分析，就是在特定的系统中，进行危险辨识、概率分析、后果分析的全过程，如图 2-2 所示。

危险辨识(hazard identification)：在特定的系统中，确定危险并定义其特征的过程。

概率分析(probability/frequency analysis)：分析特定危险因素(危险源)导致事故(事件)发生的频率或概率。

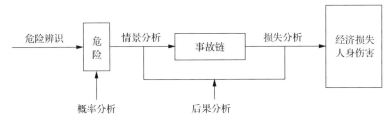

图 2-2　风险分析程序及内容

后果分析(consequence analysis)：分析特定危险在环境因素下可能导致的各种事故后果及其可能造成的损失，包括情景分析和损失分析。

情景分析(scenario analysis)：分析特定危险在环境因素下可能导致的各种事故后果。

损失分析(loss analysis)：分析特定后果对其他事物的影响，并进一步得出其对某一部分的利益造成的损失，并进行定量化。

危险辨识、概率分析和后果分析合称风险分析(risk analysis)。

通过风险分析，得到特定系统中所有危险因素(危险源)的风险评估值。在此基础上，需要根据相应的风险标准，判断系统的风险水平或程度是否可被接受，是否需要采取进一步的安全措施降低风险，这就是风险评价(risk evaluation)的作用。风险分析和风险评价合称为风险评估(risk assessment)。

在风险评估的基础上，采取措施和对策降低风险的过程，就是风险控制(对策)(risk control)。而风险管控(risk management)，是指包括风险评估和风险控制的全过程，它是一个以最低成本最大限度地降低系统风险的动态过程。

风险管控的内容及相互关系用图 2-3 说明。它是风险分析、风险评价和风险控制(对策)的整体。

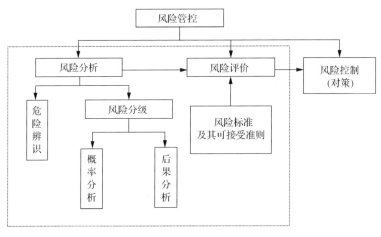

图 2-3　风险管控的流程及内容

二、风险管理的基本内容

风险管理的基本内容包括风险分析、风险评价和风险控制，简称风险管理基础三要素。

1. 风险分析

风险分析就是研究风险发生的可能性及其所产生的后果和损失。现代管理对复杂系统未来功能的分析能力日益提高，使得风险预测成为可能，并且采取合适的防范措施可以把风险降低到可接受的水平。风险分析应成为系统安全的重要组成部分，它既是系统安全的补充，又与系统安全有所区别，风险分析比系统安全的范围或许要稍广一些。例如，衡量安全程序的标准，在很大程度上是由事件发生的可能性，以及后果或损失的期望值决定的，这两者都属于"风险"的范围。

风险分析的主要内容包括危险辨识和风险分级。

(1)危险辨识。主要分析和研究哪里(什么技术、什么作业、什么位置)有危险？后果(形式、种类)如何？有哪些参数特征？

(2)风险分级。确定风险水平和程度多大(风险分级)？一要确定风险导致事故的概率，即风险可能性；二要确定风险导致的后果程度大小，确定风险的严重性。随着风险分级评价理论和方法的发展，风险的分级还提出了风险的敏感性概念，即风险导致事故灾害发生的时间、空间及系统敏感性问题。

风险一般由风险原因、风险事件和风险损失构成。

1)风险原因

在人们有目的的活动过程中，存在偶然性、不确定性，或因多种方案存在的差异性而导致活动结果的不确定性。因此不确定性和各种方案的差异性是风险形成的原因。不确定性包括物的不确定性(如设备故障)，以及人的不确定性(如不安全行为)。

2)风险事件

风险事件是风险原因综合作用的结果，是产生损失的原因。根据损失产生的原因不同，企业所面临的风险事件可分为生产事故风险(技术风险)、自然灾害风险、企业社会意外风险、企业风险与法律、企业市场风险等。

(1)生产事故风险：企业生产中发生的人身伤亡、财产损失、环境污染及环境破坏等事故。这是科学技术发展带来的副作用，它是安全科学研究的主要对象，目前人们对生产事故的发生规律已有所了解，在一定程度上对其进行了有效的管理和控制。

(2)自然灾害风险：人为失误引起自然力量造成一些损害的事故，如火灾、水灾、干旱、地震、气象灾害、火山爆发、山体滑坡等事件的发生，加上人为失误(如没有或不准确的灾害预报，企业选址错误等)就会造成事故。自然灾害可以理解为自然力量和自然变故与现代技术交互影响而引起的社会生命财产损失的意外事件。这一思路引入了人为失误和管理不善等因素，给我们控制自然灾害提供了新的途径，即对于企业的自然灾害事故要预警预防的是其背后的人为失误和管理不善等因素，如正确选址、加强灾害预报，以及通过保险进行灾害风险的转嫁和分担。

(3) 企业社会意外风险：政治上的原因(如战争、罢工、政局变化等社会动荡)引起的突发事件而对企业的损害。企业对这种不可抗拒事件，其对策只能是尽可能避让或躲避。企业社会风险的处理注重信息的获取、评估，对不可抗拒事件正确避让或应用保险来转嫁社会风险中纯风险部分，利用社会风险中投机风险成分。

(4) 企业风险与法律：与法律有关的企业风险，如企业内部和外部的经济罪犯以非法手段诈骗、窃取企业资金、财产(包括信息、技术)，造成企业重大损失的事故。对于企业消除管理上的疏漏，监督制度上的疏漏和监督的缺乏等条件可以预防经济犯罪事故。

(5) 企业市场风险：市场突变给企业带来的风险。市场突变可能给企业带来损耗，也可能带来机会和风险利润。

3) 风险损失

由风险事件所导致的非故意和非预期的收益减少。风险损失包括直接损失(包括财产损失和生命损失)和间接损失。

2. 风险评价

风险评价分析和研究的是风险的边际值，风险-效益-成本分析结果，如何处理和对待风险。

因为事故及其损失的性质是复杂的，所以风险评价的逻辑关系也是复杂的。

风险评价逻辑模型至少有五个因素：基本事件(低级的原始事件)，初始事件(对系统正常功能的偏离，如铁路运输风险评价时，列车出轨就是初始事件之一)，后果(初始事件发生的瞬时结果)，损失(描述死亡、伤害及环境破坏等的财产损失)，费用(损失的价值)。

结合故障树分析，低级的原始事件可看作故障树中的基本事件，而初始事件则相当于故障树的一组顶上事件。对风险评价来说，必须考虑系统可能发生的一组顶上事件和总损失。

设每暴露单位费用为 Ct_n，其概率为 $P(Ct_n)$，n 为损失类型，则每暴露单位的平均损失可用下式计算：

$$E(Ct_p) = \sum P(Ct_n)Ct_n \tag{2-14}$$

总的风险可通过估算所有暴露单位损失的期望值而获得，即

$$风险\ R = \sum E(Ct_p) \tag{2-15}$$

从理论上讲，由式(2-15)即可计算出系统风险精确期望值。但一般这种计算相当困难，有时甚至是不可能的。风险的期望值也并非表示风险的最好形式，可以寻求更好的且简便易行的风险表示形式。

关于风险评价的范围，主要是对重要损失进行评价，即把主要精力放在研究少数较重大的意外事件上。例如，一个完全关闭的核电站就不必再研究其可能的故障和损失，其残留危险是否应当忽略，要根据具体情况而定。

关于后果和损失，如在核电厂炉心熔化事故中，人员伤亡数将明显地随环境条件、熔化性质和程度的变化而变化。损失包括人员的死亡、伤害、放射性疾病以及环境污染等。

风险是现代生产与生活实践中难以避免的。从安全管理与事故预防的角度分析，关键的问题是如何将风险控制在人们可以接受的水平之内。

3. 风险控制

在风险分析和风险评价的基础上，就可做出风险决策，即风险控制。对于风险分析研究，其目的一般分为两类：一是主动地创造风险环境和状态，如现代工业社会就有风险产业、风险投资、风险基金之类的活动；二是对客观存在的风险做出正确的分析判断，以求控制、减弱乃至消除其影响和作用。显然，从系统安全和事故预防的角度讲，我们所分析研究的是后一种风险。

工业风险管控是指企业通过识别风险、衡量风险、分析风险，从而有效控制风险，用最经济的方法来综合处理风险，以实现最佳安全生产保障的科学管理方法。对此定义需要说明几点：①所讲的风险不局限于静态风险，还包括动态风险。研究风险管理是以静态风险和动态风险为对象的全面风险管理。②风险管理的基本内容、方法和程序是共同构成风险管理的重要方面。③风险管理应考虑成本和效益的影响，要从最经济的角度来处理风险管理，在主客观条件允许的情况下，选择最低成本、最佳效益的方法，制定风险管控策略和选择最合理的方案和方法。

三、风险管控的模式

风险管控可分为静态管控模式和动态管控模式。

1. 风险静态管控模式

风险静态管控模式的关键环节是风险评价。风险评价包括风险辨识、风险分析、风险评估、风险控制等过程。风险辨识是指识别危险源或危险因素，并确定其特性的过程；风险分析是指对风险因素或风险分析对象可能导致的事故概率及其后果严重程度进行分析；风险评估是指在对风险进行定量或半定量的基础上对风险的速度或水平进行分级，并确认风险的合标性、可容许性、可承受性、可接受性。风险静态管控模式的基本流程如图2-4所示。

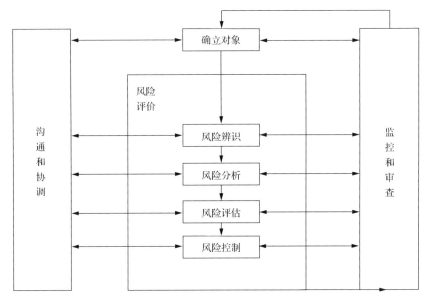

图 2-4　风险静态管控模式

2. 风险动态管控模式

风险动态管控就是针对现实风险的管理和控制，其动态模式如图 2-5 所示。

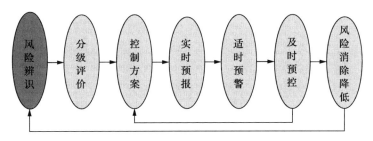

图 2-5　风险动态管控模式

风险动态管控模式的关键是建立对事故灾害风险的"三预"（预报、预警、预控）管理体系和管控机制。风险控制就是在风险分析和评价的基础上，采取相应措施和方法，将风险水平或程度降低到期望或可接受的水平。

风险动态管控的"三预"风险预警预控机制的关键技术，是风险预警预控的模式精髓。"三预"理论的基本内容包括生产作业现场风险实时预测预报，安全专业部门风险适时预警预告，企业相关部门风险及时预防预控。

（1）预测预报，也称报警，是指对风险状况变化趋势的预测以及风险状态的实时报告，需要全员参与，是风险预警、预控的必要前提和基础。风险预测预报的主要方式有现场监控技术自动报警、信息管理系统自动报警、现场作业人员人工报警、部门管理人员专业报警。

(2)预警预告，是指根据实时的风险状况预测、风险状态预报或历史报警记录统计分析，对风险状态、趋势的预先警示及警告，一般是专业人员根据上述信息做出的专业化预警。风险预警预告是风险预控的必要根据。风险预警预告的对象及方式主要包括：①对决策层发布预警预告信息，信息管理系统平台可查询/查看方式；②对管理层发布预警预告信息，安全通知、查询/查看方式；③对操作层发布预警预告信息，安全指令、查询/查看方式。

(3)预防预控，是指针对预警预告信息所做出的风险预先性防控措施(包括技术措施、管理措施等)。根据预控的执行主体不同，风险预控的方式主要包括：①决策型预控，规划、整改、治理、完善等；②管理型预控，监督、检查、评估、审核等；③反应型预控，操控、处理、响应、救援等。

"三预"基本理论框架如图 2-6 所示，生产作业现场依据前期风险辨识的成果对风险因素状态的变化进行实时预测预报，安全专业部门针对风险预报的情况，依据前期风险评价的成果对预报的风险因素、风险状态进行适时预警预告，企业相关部门依据前期风险控制工作的成果，对发布风险预警信息的各风险因素进行及时的预防预控。整个"三预"过程的核心都基于前期风险管理工作的成果，即为风险预警预控管理的关键技术。

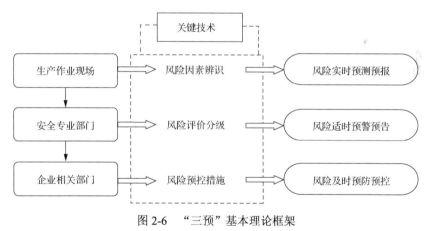

图 2-6　"三预"基本理论框架

第六节　RBS/M——基于风险的监管

一、RBS/M 的理论基础

1. RBS/M 的含义

RBS/M(risk based supervision/management)——基于风险的监管，是一种科

学、系统、实用、有效的安全管理技术和方法体系。相对于传统的基于事故、事件，基于能量、规模，基于危险、危害，基于规范、标准的安全管理，RBS/M 以风险管理理论作为基本理论，结合风险定量、定性分级，要求以风险分级水平，实施科学的分级、分类监管。因此，监管方法和措施与监管对象的风险分级相匹配(匹配管理原理)是 RBS/M 的本质特征。

应用 RBS/M 的优势在于：具有全面性——进行全面的风险辨识；体现预防性——强调系统潜在的风险因素；落实动态性——重视实时的动态现实风险；实现定量性——进行风险定量或半定量评价分析；应用分级性——基于风险评价分级的分类监管。RBS/M 的应用对提高安全监管的效能和安全保障水平发挥着高效的作用。

2. RBS/M 的价值及意义

RBS/M 力求使安全监管做到最科学、最合理、最有效，最终实现事故风险的最小化，这是由于：第一，基于风险管理的对象是风险因子、依据是风险水平、目的是降低风险，其管理的出发点和管理的目标是一致和统一的，监管的准则体现了安全的本质和规律；第二，基于风险的管理能够保证管理决策的科学化、合理化，从而减少监管措施的盲目性和冗余性；第三，基于风险的管理以风险的辨识和评价为基础，可以实现对事故发生概率和可能损失程度的综合防控。建立在这种系统、科学的风险管理理论方法上的监管方法能全面、综合、系统地实现政府的科学安全监察和企业的有效安全管理。

3. RBS/M 的基本理论

RBS/M 的理论基础首先是安全度函数(原理)，反映安全的定量规律的数学模型，即安全的定量描述可用"安全性"或"安全度"来描述。安全度函数表述如下：

$$安全度函数 = F(R) = 1 - R(P, L, S) \tag{2-16}$$

式中，R 为系统或监管对象的风险；P 为事故发生的可能性(发生概率)；L 为可能发生事故的严重性；S 为可能发生事故危害的敏感性。

RBS/M 的第二基本原理就是事故的本质规律。"事故是安全风险的产物"是客观的事实，是人们在长期的事故规律分析中得出的科学结论，也称安全基本公理。安全的目标就是预防事故、控制事故，这一公理告诉我们，只有从全面认知安全风险出发，系统、科学地将风险因素控制好，才能实现防范事故、保障安全的目标。

在安全度函数的基础上，RBS/M 理论涉及如下 4 个基本函数。

风险函数：

$$MAX(R) = f(P, L, S) = P \times L \times S$$

概率函数：

$$P = f(4\text{M}) = f(\text{人因, 物因, 环境因素, 管理因素})$$

后果函数：

$$L = f(\text{人员影响, 财产影响, 环境影响, 社会影响})$$

敏感性函数：

$$S = f(\text{时间敏感, 空间敏感, 系统敏感})$$

4. RBS/M 分级原理

分级性是 RBS/M 应用的基本特征。风险三维分级原理及模型如图 2-7 所示。

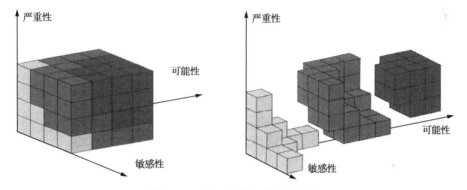

图 2-7　风险三维分级原理及模型

设可能性分为 A、B、C、D 四级，严重性分为 a、b、c、d 四级，敏感性分为 1、2、3、4 四级，则三维组合的风险分级如表 2-3 所示。

表 2-3　RBS/M(可能性，严重性，敏感性)三维组合风险分级表

风险等级	要素风险组合
低风险	Aa1 Aa2 Aa3 Aa4 Ab1 Ab2 Ac1 Ad1 Ba1 Ba2 Bb1 Ca1 Da1
中等风险	Ab3 Ab4 Ac2 Ac3 Ac4 Ad2 Ad3 Ad4 Ba3 Ba4 Bb2 Bb3 Bb4 Bc1 Bc2 Bd1 Bd2 Ca2 Ca3 Ca4 Cb1 Cb2 Cc1 Cd1 Da2 Da3 Da4 Db1 Db2 Dc1 Dd1
高风险	Bc3 Bc4 Bd3 Bd4 Cb3 Cb4 Cc2 Cc3 Cc4 Cd2 Cd3 Cd4 Db3 Db4 Dc2 Dc3 Dc4 Dd2 Dd3 Dd4

二、RBS/M 的应用原理及模式

1. RBS/M 的运行模式

RBS/M 的运行模式给出了 RBS/M 的应用原理，如图 2-8 所示。以 5W1H(Why, Who, What, Where, When, How to)的方式展现了 RBS/M 的运行规律。

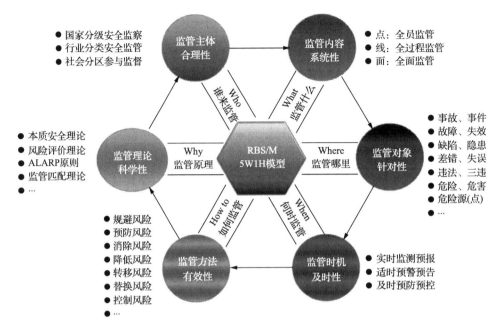

图 2-8　RBS/M 监管原理及方法体系

Why：安全监管的理论基础，追求科学性，本质是什么？规律是什么？依据是什么？

Who：安全监管的主体，追求合理性，让谁监管？谁来监管？监管的主体是谁？

What：安全监管的内容，追求系统性，监管的客体是什么？

Where：安全监管的对象，追求针对性，监管的对象体系和类型是什么？

When：安全监管的时机，追求及时性，监管的频率是多少？何时进行监管？

How to：如何实施监管，追求有效性，监管的策略和方法是什么？

2. RBS/M 应用的 ALARP 原则

RBS/M 应用的基本原则之一是 ALARP 风险可接受准则。ALARP 是 As Low As Reasonably Practicable 的缩写，即"风险最合理可行原则"。在公共安全管理实践中，理论上可以采取无限的措施来降低事故风险，绝对保障公共安全，但无限的措施意味着无限的成本和资源。然而，客观现实是安全监管资源有限、安全科技和管理能力有限。因此，科学、有效的安全监管需要应用 ALARP 原则，详见第三章第二节 ALARP 原则。

3. RBS/M 的匹配原理

RBS/M 应用的核心原理就是基于 ALARP 原则的"匹配监管原理"，如表 2-4 所示。基于风险分级的"匹配监管原理"要求实现科学、合理的监管状态，即应以相应级别的风险对象实行相应级别的监管措施，如高级别风险的监管对象实施高级别的监管措施，以此分级类推。有两种偏差状态是不可取的，如果高级别风险实施了低级别的监管策略，这是可怕的、不允许的；如果低级别的风险对象实施了高级别的监管措施，这是不合理的，但在一定范围内是可以接受的。因此，最科学合理的方案是与相应风险水平相匹配的应对策略或措施。表 2-4 表明了风险监管原理和科学化、合理化的系统策略。

表 2-4　基于风险分级的监管原理与风险水平相应的"匹配监管原理"

风险状态	风险状态/监管对策和措施	监管级别及状态			
		高	中	较低	低
Ⅰ（高）	不可接受风险:高级别监管措施——一级预警;强力监管;强制中止;全面检查;否决制等	合理可接受	不合理不可接受	不合理不可接受	不合理不可接受
Ⅱ（中）	不期望风险:中等监管措施——二级预警;较强监管;高频率检查等	不合理可接受	合理可接受	不合理不可接受	不合理不可接受
Ⅲ（较低）	有限接受风险:一般监管措施——三级预警;中等监管;局部限制;有限检查;警告策略等	不合理可接受	不合理可接受	合理可接受	不合理不可接受
Ⅳ（低）	可接受风险:委托监管措施——四级预警;弱化监管;关注策略;随机检查等	不合理可接受	不合理可接受	不合理可接受	合理可接受

三、RBS/M 的应用方法及实证

1. RBS/M 的应用范畴和程式

RBS/M 可以应用于针对行业企业、工程项目、大型公共活动等宏观综合系统的风险分类分级监管，也可以针对具体的设备、设施、危险源（点）、工艺、作业、岗位等企业具体的微观生产活动、程序等进行安全分类分级管理，还可以为企业分类管理、行政分类许可、危险源分级监控、技术分级检验、行业分级监察、现场分类检查、隐患分级排查等提供技术方法支持。RBS/M 的应用流程是确定监管对象→进行风险因素辨识→进行风险水平评估分级→制订分级监管对策→实施基于风险水平的监管措施→实现风险可接受状态及目标。

2. RBS/M 的应用特点

RBS/M 监管理论和方法的应用，将为公共安全监管带来如下转变：

第一，从监管对象的视角，需要实现变静态风险监管为动态风险监管。目前普遍采用的是基于物理、化学特性的危险危害因素辨识和基于能量级的重大危险源辨识和管控，以及当前推行的隐患排查治理的监管方式，前者是针对固有危险性的监管，实质是一种静态的监管方式，后者是局部、间断的监管方式，缺乏持续的全过程控制。重大危险源不一定有重大隐患，重大隐患不确定有重大风险，小隐患可能有高风险，重大风险是系统安全的本质核心。现行的以固有危险作为监管分级依据的做法，往往放走了"真老虎""大老虎""活老虎"，而以重大风

险作为监管目标的做法，才能实现真正意义的科学分类分级监管。因此，在安全监管的对象上，需要从静态局部的监管变为动态系统的监管。

第二，从监管过程的视角，实现变事故结果、事后、被动的监管为全过程的、主动的、系统的监管。安全系统涉及的风险因素事件链，从上游至下游涉及危险源、危险危害、隐患、缺陷、故障、事件、事故等，传统的经验型监管主要是事故、事件、缺陷、故障等偏下游的监管，显然，这种监管方式没有突出源头、治本、超前、预防的特征，不符合"预防为主"的方针，同时，还具有成本高、代价大的特点。RBS/M 监管理论和方法的应用，将实现风险因素的全过程监管，并突出超前、预防性。

第三，从监管方法的视角，需要变形式主义的约束监管方式为本质安全的激励监管方式。目前普遍以安全法规、标准作为监管依据的做法是必要的，但仅仅做到这些还不够。因为，做到符合、达标是安全的底线，是基本的，不是充分的。因此，安全监管的目的不能仅仅是审核行为符合、形式达标，而要以是否实现本质安全为标准，追求安全的更好，安全的卓越。为此，就需要以风险最小化、安全最大化为安全监管的目标。这样的方式、方法才是最科学、合理的。

第四，从监管模式的视角，需要变缺陷管理模式为风险管理模式。以问题为导向的管理，如隐患管理和缺陷管理，具有预防、超前的作用，但是，这仅仅是初级的科学管理，常常是从上到下的管理模式，缺乏基层、现场的参与。而风险管理模式需要监管与被监管的互动，并且具有定量性和分级性，可实现多层级的匹配监管。

第五，从监管生态的视角，需要变安全监管的对象为安全监管的动力。现代安全管理的基本理念是参与式管理和自律式管理。通过基于风险的管理方式将监管者与被监管者的管理目标(安全风险可接受)保持一致，这样能够调动被监管者的积极性，变被监管的阻力因素为参与监管的动力因素。

第六，从监管效能的视角，实现变随机安全效果为持续安全效能。基于事故的经验型监管和依据法规、标准的规范型监管，都不能确定安全监管对事故预防的效果，即监管措施与公共安全的关系是随机的，不具有确定性。这也是常常出现合法、达标、审核、检查等通过的企业还会发生重大事故的原因。应用基于风险的监管符合安全本质规律，能够在安全监管资源有限的条件下，达到监管效能最优化和最大化，因此，RBS/M 是持续安全、安全发展必需的有效工具。

3. RBS/M 的应用实证

RBS/M 与国际的 RBI(基于风险的检验)原理和方法一脉相承。RBI 在石油工程领域长输管线的检验、检查等风险管理方面获得了巨大成功。在特种设备的安全监管领域依托"十二五"国家科技支撑课题"基于风险的特种设备安全监管关键技术研究"，研发、探索了基于风险的企业分类监管、设备分类监管、事故隐患分级排查治理、典型事故风险预警、高危作业风险预警、行政分级许可制度、政府职能转变风险分析等特种设备风险管理技术和方法。在公共安全综合监管领域，一些地区采取了公共安全分级监管的方案，如泰安市应急管理局正在研究开发针对高危行业重大事故、人员密集场所活动、工程建设项目、危险源（点）、事故隐患排查、气象灾害、特种设备、高危作业、职业危害等方面的基于风险的监测、预警、预控监管模式及信息系统。

RBS/M 具有全面性、系统性、针对性、动态性、科学性和合理性的特点，能够解决政府和企业安全管理现实中监管资源不足、监管对象盲目、监管过程失控、监管效能低下等现实问题，从而对提高公共安全监管水平和事故防控能力发挥作用。目前 RBS/M 的理论和方法还在发展和完善中，在理论上需要深入的研究探索和培训，在实践上需要广泛的应用实验和验证。我们坚信作为基于安全本质和规律的 RBS/M 必然对提升我国的公共安全监管水平发挥积极重要的作用。

第三章　安全风险管控技术方法

第一节　风险辨识技术方法

一、危险和有害因素分类

危险和有害因素是可对人造成伤亡、影响人的身体健康甚至导致疾病的因素。通常把导致突发事故的因素称为危险因素，把导致职业病/健康损害的因素称为有害因素，也统称为危害因素、风险因素。

1. 根据危害性质分类

根据《生产过程危险和有害因素分类与代码》(GB/T 13861—2009)的规定，生产过程的风险因素可分为四大类。

(1) 人的因素。①心理、生理性危险和有害因素(负荷超限，健康状况异常，从事禁忌作业，心理异常，辨识功能缺陷，其他心理、生理性危险和有害因素)；②行为性危险和有害因素(指挥错误，操作错误，监护失误，其他行为性危险和有害因素)。

(2) 物的因素。①物理性危险和有害因素(设备、设施、工具、附件缺陷，防护缺陷，电伤害，噪声，振动危害，电离辐射，非电离辐射，运动物伤害，明火，高温物质，低温物质，信号缺陷，标志缺陷，有害光照，其他物理性危险和有害因素)；②化学性危险和有害因素(爆炸品，压缩气体和液化气体，易燃液体，易燃固体、自燃物品和遇湿易燃物品，氧化剂和有机过氧化物，有毒品，放射性物品，腐蚀品，粉尘与气溶胶，其他化学性危险和有害因素)；③生物性危险和有害因素(致病微生物，传染病媒介物，致害动物，致害植物，其他生物性危险和有害因素)。

(3) 环境因素。①室内作业场所环境不良(室内地面滑，室内作业场所狭窄，室内作业场所杂乱，室内地面不平，室内梯架缺陷，地面、墙和天花板上的开口缺陷，房屋基础下沉，室内安全通道缺陷，房屋安全出口缺陷，采光照明不良，作业场所空气不良，室内温度、湿度、气压不适，室内给、排水不良，室内涌水，其他室内作业场所环境不良)；②室外作业场地环境不良(恶劣气候与环境，作业场地和交通设施湿滑，作业场地狭窄，作业场地杂乱，作业场地不平，航道狭窄、有暗礁或险滩，脚手架、阶梯和活动梯架缺陷，地面开口缺陷，建筑物和其他结构缺陷，门和围栏缺陷，作业场地基础下沉，作业场地安全通道缺陷，作业场地安全出口缺陷,作业场地光照不良,作业场地空气不良,作业场地温度、湿度、气压不适,作业场地涌水,其他室外作业场地环境不良);③地下(含水下)作业环境不良(隧道/矿井顶面缺陷,隧道/矿井正面或侧壁缺陷,隧道/矿井地面缺陷,地下作业面空气不良,地下火,冲击地压,地下水,水下作业供氧不当,其他地下作业环境不良);④其他作业环境不良(强迫体位,综合性作业环境不良,以上未包括的其他作业环境不良)。

(4)管理因素。①职业安全卫生组织机构不健全;②职业安全卫生责任制未落实;③职业安全卫生管理规章制度不完善(建设项目"三同时"制度未落实,操作规程不规范,事故应急预案及响应缺陷,培训制度不完善,其他职业安全卫生管理规章制度不完善);④职业安全卫生投入不足;⑤职业健康安全管理不完善;⑥其他管理因素缺陷。

2. 根据事故形式分类

依据《企业职工伤亡事故分类》(GB 6441—1986),风险因素可分为20类:

(1)物体打击,指物体在重力或其他外力的作用下产生运动,打击人体造成人身伤亡事故,不包括因机械设备、车辆、起重机械、坍塌等引发的物体打击;

(2)车辆伤害,指企业机动车辆在行驶中引起的人体坠落和物体倒塌、飞落、挤压等伤亡事故,不包括起重设备提升、牵引车辆和车辆停驶时发生的事故;

(3)机械伤害,指机械设备运动(静止)部件、工具、加工件直接与人体接触引起的夹击、碰撞、剪切、卷入、绞、碾、割、刺等伤害,不包括车辆、起重机械引起的机械伤害;

(4)起重伤害,指各种起重作业(包括起重机安装、检修、试验)中发生的挤压、坠落、(吊具、吊重)物体打击和触电;

(5)触电,包括雷击伤亡事故;

(6)淹溺,包括高处坠落淹溺,不包括矿山、井下透水淹溺;

(7)灼烫,指火焰烧伤、高温物体烫伤、化学灼伤(酸、碱、盐、有机物引起的体内外灼伤)、物理灼伤(光、放射性物质引起的体内外灼伤),不包括电灼伤和火灾引起的烧伤;

(8)火灾;

(9)高处坠落,指在高处作业中发生坠落造成的伤亡事故,不包括触电坠落事故;

(10)坍塌,指物体在外力或重力作用下,超过自身的强度极限或因结构稳定性破坏而造成的事故,如挖沟时的土石塌方、脚手架坍塌、堆置物倒塌等,不适用于矿山冒顶片帮和车辆、起重机械、爆破引起的坍塌;

(11)冒顶片帮，指矿山巷道或采矿现场的顶岩坍塌及石块崩塌事故；

(12)透水，指矿山井下水害淹井事故；

(13)瓦斯爆炸，指煤矿由于瓦斯超限导致的爆炸事故；

(14)放炮，指爆破作业中发生的伤亡事故；

(15)火药爆炸，指火药、炸药及其制品在生产加工、运输、储存中发生的爆炸事故；

(16)化学性爆炸，指可燃性气体、粉尘等与空气混合形成爆炸性混合物，接触引爆能源时，发生的爆炸事故(包括气体分解、喷雾爆炸)；

(17)锅炉爆炸；

(18)其他爆炸，指容器超压爆炸、轮胎爆炸等；

(19)中毒和窒息，包括中毒、缺氧窒息、中毒性窒息；

(20)其他伤害，指除上述以外的危险因素，如摔、扭、挫、擦、刺、割伤和非机动车碰撞、轧伤等(矿山、井下、坑道作业还有冒顶片帮、透水、瓦斯爆炸等危险因素)。

3. 根据职业健康影响危害性质分类

参照国家卫生和计划生育委员会、人力资源和社会保障部、国家安全监管总局、全国总工会等颁布的《职业病危害因素分类目录》(国卫疾控发〔2015〕92号)，风险因素可分为粉尘、化学因素、物理因素、放射性因素、生物因素、其他因素6类。

(1)粉尘：矽尘、煤尘、石墨粉尘、石棉粉尘等；

(2)化学因素：铅、汞、锰、镉等及其化合物，以及氯气、氨、苯等；

(3)物理因素：噪声、高温、低气压、振动等；

(4)放射性因素：电离辐射、铀及其化合物等；

(5)生物因素：艾滋病病毒、布鲁氏菌、炭疽芽孢杆菌等；

(6)其他因素：金属烟、井下不良作业条件等。

二、风险因素辨识方法

1. 常见方法

(1)案例分析法，指对大量的事故案例进行分类统计整理，发现引发事故发生的风险因素及其规律。事故案例分析的核心是事故发生的过程、事故发生的原因(即风险因素)和风险因素的概率及后果，在此基础上分析事故的教训与预防措施。

(2)对照规范法，指根据行业相关法规和标准确定分析结果。风险辨识是在《生产过程危险和有害因素分类与代码》(GB/T 13861—2009)、《危险化学品重大危源辨识》(GB 18218—2018)、各行业隐患认定标准等的基础上,完成风险因素的全面识别。

(3)系统分析法,是根据行业所具有的系统特征,从设备安全的整体出发,着眼于整体与部分、整体与结构及层次、结构与功能、系统与环境等的相互联系和相互作用,以求得优化的整体目标,也就是最大化实现设备安全的现代科学方法。目前主要使用的系统分析方法包括故障类型及影响分析(FMEA)、危险预先分析(PHA)、作业安全分析法(JSA)、事故树分析法(FTA)等。

(4)专家经验法,是对照有关标准、法规、检查表或依靠分析人员的观察分析能力,借助于经验和判断能力直观地评价对象危险性和危害性的方法。经验法是辨识中常用的方法,其优点是简便、易行,其缺点是受辨识人员知识、经验和占有资料的限制,可能出现遗漏。为弥补个人判断的不足,常采取专家会议的方式来相互启发、交换意见、集思广益,使危险、危害因素的辨识更加细致、具体。

(5)头脑风暴法,采取小组开会形式,畅所欲言,汇总起来形成一致意见。头脑风暴法通常与专家经验法合用。

(6)德尔菲(Delphi)方法,又称专家调查法。其特点包括独立性,专家互不见面,不相互施加影响,确保个人独立意见完整表达;用统计学方法处理离散意见,最后达成一致性。

(7)故障诊断技术,通过检测、监测、检验、鉴定等技术手段发现潜在的风险因素。

2. 风险因素/危害因素辨识的组织程序

风险因素/危害因素辨识的组织实施程序如图 3-1 所示。

3. 风险因素/危害因素辨识的技术程序

风险因素/危害因素辨识程序如图 3-2 所示。

1)风险因素/危害因素调查

对确定要分析的系统,调查的主要内容包括:①生产工艺设备及材料情况。工艺布置,设备名称、容积、温度、压力,设备性能,设备本质安全化水平,工艺设备的固有缺陷,所使用的材料种类、性质、危害,使用的能量类型及强度等。②作业环境情况。安全通道情况,生产系统的结构、布局,作业空间布置等。③操作情况。操作过程中的危险,工人接触危险的频度等。④事故情况。过去事故及危害状况,事故处理应急方法,故障处理措施。⑤安全防护。危险场所有无安全防护措施,有无安全标志,燃气、物料使用有无安全措施等。

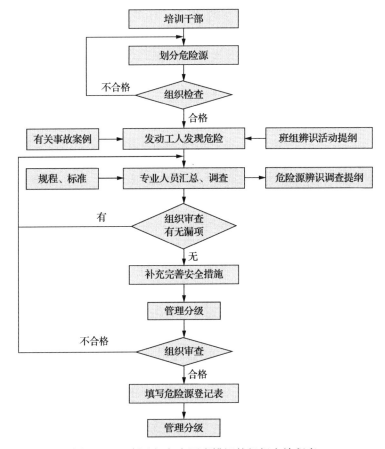

图 3-1 风险因素/危害因素辨识的组织实施程序

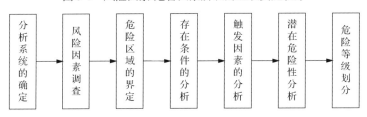

图 3-2 风险因素/危害因素辨识程序

2) 危险区域的界定

危险区域的界定即划定危险源点的范围，是将系统划分为若干个子系统，然后分析每个子系统中存在的危险源点，一般将产生能量或具有能量、物质、操作人员作业空间、产生聚集危险物质的设备、容器作为危险源点。

(1) 按危险源是固定还是移动界定。如运输车辆、车间内的搬运设备为移动式，其危险区域应随设备的移动空间而定。而锅炉、压力容器、储油罐等是固定源，其区域范围也固定。

（2）按危险源是点源还是线源界定。一般线源引起的危害范围较点源的大。

（3）按危险作业场所来划定危险源的区域。如有发生爆炸、火灾危险的场所，有被车辆伤害的场所，有触电危险的场所，有高处坠落危险的场所，有腐蚀、放射、辐射、中毒和窒息危险的场所等。

（4）按危险设备所处位置划分危险源的区域。如锅炉房、油库、氧气站、变配电站等。

（5）按能量形式界定危险源。如化学危险源、电气危险源、机械危险源、辐射危险源和其他危险源等。

3）存在条件及触发因素的分析

存在条件分析包括储存条件（如堆放方式、其他物品情况、通风等），物理状态参数（如温度、压力等），设备状况（如设备完好程度、设备缺陷、维修保养情况等），防护条件（如防护措施、故障处理措施、安全标志等），操作条件（如操作技术水平、操作失误率等），管理条件等。

触发因素可分为人为因素和自然因素。人为因素包括个人因素（如操作失误、不正确操作、粗心大意、漫不经心、心理因素等）和管理因素（如不正确管理、不正确的训练、指挥失误、判断决策失误、设计差错、错误安排等）。自然因素是指引起危险源转化的各种自然条件及其变化，如气候条件参数（气温、气压、湿度、大气风速）变化，雷电，雨雪，振动，地震等。

4）潜在危险性分析

危险源转化为事故，其表现是能量和危险物质的释放，因此危险源的潜在危险性可用能量的强度和危险物质的量来衡量。能量包括电能、机械能、化学能、核能等，危险源的能量强度越大，表明其潜在危险性越大。危险物质主要包括燃烧爆炸危险物质和有毒有害危险物质两大类。前者泛指能够引起火灾或爆炸的物质，如可燃气体、可燃液体、易燃固体、可燃粉尘、易爆化合物、自燃性物质、混合危险性物质等。后者是指直接加害于人体，造成人员中毒、致病、致畸、致癌等的化学物质。可根据使用的危险物质量来描述危险源的危险性。

5）危险等级划分

一般按危险源在触发因素作用下转化为事故的可能性大小与发生事故的后果的严重程度划分危险等级，也可按单项指标来划分等级。如高处作业根据高差指标将坠落事故危险源划分为4级（一级2～5m，二级5～15m，三级15～30m，特级30m以上）；压力容器按压力指标划分为低压容器、中压容器、高压容器、超高压容器4级。

三、重大危险源辨识方法

重大危险源多指危险化学品重大危险源（major hazard installations for dangerous

chemicals)，其定义是指长期或临时生产、加工、搬运、使用或储存危险化学品，且危险化学品的数量等于或超过临界量的单元。表 3-1 是国际劳工组织建议用以鉴别重大危险装置的重点物质。

表 3-1　国际劳工组织建议用以鉴别重大危险装置的重点物质

物质种类	物质名称	数量
一般易燃物质	易燃气体	＞200t
	高易燃液体	＞50000t
特种易燃物质	氢	＞50t
	环氧乙烷	＞50t
特种炸药	硝酸铵	＞2500t
	硝酸甘油	＞10t
	三硝基甲苯	＞50t
特殊有毒物质	丙烯腈	＞200t
	氨	＞500t
	氯	＞25t
	二氧化硫	＞250t
	硫化氢	＞50t
	氰氢酸	＞20t
	二硫化碳	＞200t
	氟化氢	＞50t
	氯化氢	＞250t
	三氧化硫	＞75t
特种剧毒物质	甲基异氰酸盐	＞0.15kg
	光气	＞0.75kg

《危险化学品重大危险源辨识》（GB 18218—2018）规定了重大危险源的阈值及计算方法。重大危险源根据其危险程度，分为一级、二级、三级和四级，一级为最高级别。重大危险源管理制度是指为防止和减少事故发生而采取的法制、标准、规范、评价、检查、监测、应急等系列措施。凡是被识别为重大危险源的设施，必须依照相关法规标准加强对重大危险源的管理，进行登记建档，设置重大危险源监控系统，向所在地安全监管部门备案。重大危险源安全监控系统应符合《危险化学品重大危险源安全监控通用技术规范》（AQ 3035—2010)的技术规定。重大危险源每三年开展安全评估，其主要内容包括：①评估的主要依据；②重大危险源的基本情况；③事故发生的可能性及危害程度；④个人风险和社会风险值(仅适用定量风险评价方法)；⑤可能受事故影响的周边场所、人员情况；⑥重大危险源辨识、分级的符合性分析；⑦安全管理措施、安全技术和监控措施；⑧事故应

急措施；⑨评估结论与建议。

重大危险源的风险分级管控可参见第八章第二节。

四、风险辨识模型

1. 风险辨识原则

（1）目的性原则：风险辨识的最终目的是通过全面系统的风险辨识，把风险控制措施结合到日常风险管理工作中，强化主体抵御风险的能力并实现 RBS/M 分级监管。

（2）充分性原则：针对设备设施、工艺流程、作业岗位及环境氛围，保证查找到的风险因子全面可靠，风险辨识的难点是交叉作业的归类划分。

（3）准确性原则：风险辨识过程中要准确挖掘辨识对象的自身特点，考虑辨识对象所处环境，分析可能造成的影响。

（4）系统性原则：由于可能存在交叉作业问题，因此辨识过程中不能只针对单一对象，应考虑整个系统可能存在的风险。

（5）预防性原则：RBS/M 是以风险为基础的，从风险的概念就可以看出整个管控过程应该具有超前性、预防性。

2. 风险辨识三维模型

可按专业板块、辨识对象和分析流程建立风险辨识三维模型，详见图 3-3。

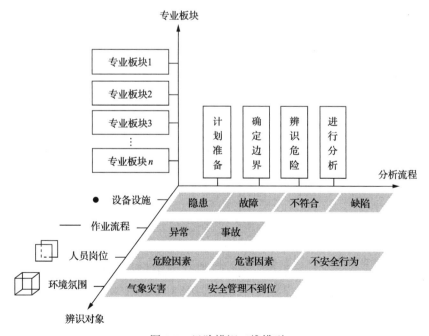

图 3-3　风险辨识三维模型

1)制定分析流程

分析流程主要包括计划准备、确定边界、辨识危险和进行分析 4 个环节。

(1)计划准备：主要指前期对相关资料的收集等工作。

(2)确定边界：专业板块划分及后续的单元划分，包括风险管控目标及对象的确定，风险管控主要内容及计划，划分评估单元和设定标准。

(3)辨识危险：指运用科学的辨识方法对各风险项进行识别，同时包括风险信息及事故案例的收集以及对辨识出的风险进行筛选、分类和清单制作。

(4)进行分析：指对辨识出的风险进行后续的原因、结果等深入分析。结合企业的特点、评估要求和风险类型，风险分析的方法包括定性方法、定量方法等。

2)划分专业板块

根据行业规范划分专业板块，可将金属矿山划分为地下开采、露天开采、选矿、冶炼、机电、库坝边坡等专业板块，见表 3-2。

表 3-2 金属矿山专业板块作业单元划分列表

序号	专业板块	作业系统	作业单元
1	地下开采	如地下开采厂、运输厂、排水厂、供配电厂、充填厂、排土厂	开拓、采矿、铲装、提升运输、防排水、供配电、充填、压气、通信、供水消防、工业场地、排土
2	露天开采	如采矿厂、运输厂、排水厂、供配电厂、排土厂	采矿、铲装、运输、供配电、防排水、排土
3	选矿	如铜矿一选厂、铜矿二选厂、铜矿三选厂、金矿一选厂、金矿二选厂	选矿、重选
4	冶炼	如湿法厂、冶金厂	堆浸、萃取、电积、环保
5	机电	如维修厂、安装厂	检查、焊接
6	库坝边坡	如尾矿库维护厂、排土场管理厂	检查、维护

3)分析辨识对象

通常按风险因素类别依次辨识，如按事故 4M 要素的 4 个方面进行辨识，也可按"点-线-面-体"模式辨识和评价风险因素，如图 3-4 所示。

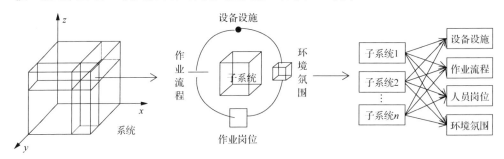

图 3-4 "点-线-面-体"模式

"点"指设备、设施，"线"指作业过程、工艺，"面"指人员岗位，"体"指环境氛围等

第二节　风险定性分析方法

一、ALARP 原则

理论上可以采取无限的措施来降低事故风险，绝对保障公共安全和安全生产，但无限的措施意味着无限的成本和资源。然而，客观现实是安全监管资源有限、安全科技和管理能力有限。由此自然地提出风险可接受原则(risk acceptance principles，RAPs)。国外主要风险可接受原则见表 3-3。

表 3-3　风险可接受原则

原则	概念
最低合理可行原则 ALARP（as low as reasonably practicable）	采用最低的成本将风险降低至合理可接受的范围
最低合理可实现原则 ALARA（as low as reasonably achievable）	采取所有合理可实现的方法使得有毒物质辐射剂量和化学释放量最小化
风险总体一致原则 GAMAB（globalement au moins aussi bon）	新系统的风险应当至少在总体上与现有系统保持相同
最小内源性死亡率原则 MEM（minimum endogenous mortality）	新系统不应该增加任何年龄段个体由于技术系统导致的死亡率
安全水准等效原则 MGS（mindestens gleiche sicherheit）	允许对现有技术规则的实施过程中存在偏差，但需要至少等效于上述规则的安全水准，并且需要通过具体的安全案例加以证明
可忍受上限原则 NMAU（nicht mehr als unvermeidbar）	在日常设施和装置的操作过程中任何人的风险不能超过可忍受的上限
土地利用规划原则 LUP（land use planning）	在实施规划时应当使危险设施不强加任何风险于周围人和环境

1. ALARP 原则的含义

ALARP 原则即"最低合理可行原则"，是"as low as reasonably practicable"的缩写。ALARP 原则及框架图如图 3-5 所示。

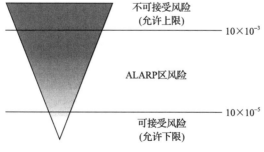

图 3-5　ALARP 原则及框架图

ALARP 原则将风险划分为三个等级。

(1)不可接受风险：如果风险值超过允许上限，除特殊情况外，该风险无论如何不能被接受。对于处于设计阶段的装置，该设计方案不能通过；对于现有装置，必须立即停产。

(2)可接受风险：如果风险值低于允许下限，该风险可以接受，无须采取安全改进措施。

(3)ALARP 区风险：如果风险值在允许上限和允许下限之间，应采取切实可行的措施，使风险水平"尽可能低"。

2. 个人风险 ALARP 原则

表 3-4 和表 3-5 分别是英国和美国的个人风险统计表。

表 3-4　英国各行业的个人风险统计表

人员类别	风险模式	适用时期	个人风险(死亡频数)/年
海上工作人员	海上死亡风险	1980~1998 年	0.88×10^{-3}
深海渔业人员	在注册的船上死亡风险	1990 年	1.34×10^{-3}
煤矿工人	采煤时死亡风险	1986 年 7 月~1990 年 1 月	0.14×10^{-3}

表 3-5　美国各种原因引起的个人风险统计表

事故类别	1979 年死亡总人数	个人风险/(死亡频数/年)
汽车	55791	3×10^{-4}
坠落	17827	9×10^{-5}
火灾与烫伤	7451	4×10^{-5}
淹溺	6181	2×10^{-5}
中毒	4516	3×10^{-5}
枪击	2309	1×10^{-5}
机械事故	2054	1×10^{-5}
航运	1743	9×10^{-6}
航空	1788	9×10^{-6}
落物击伤	1271	6×10^{-6}
触电	1488	6×10^{-6}
铁道	884	4×10^{-6}
雷击	160	5×10^{-7}
飓风	118	4×10^{-7}
旋风	90	4×10^{-7}
其余	8695	4×10^{-5}
核事故(100 座反应堆)	—	2×10^{-10}

通过表 3-4 和表 3-5 的数据可以将个人风险上限设为 10^{-3}，下限设为 10^{-6}，得到个人风险的 ALARP 原则，如图 3-6 所示。

不可容忍区	风险水平(每年的个人风险) 风险不能证明是合理的 $>10^{-3}$
可容忍区 (ALARP原则)	只有当证明:进一步降低风险的成本与所得 的收益极不相称时,风险才是可容忍的
可忽略区	$<10^{-6}$ 风险可以接受,无须再论证 或采取措施

图3-6 个人风险ALARP原则

二、GAMAB原则

GAMAB是法语"globalement au moins aussi bon"的缩写,即"整体上至少是好的"。GAMAB是一项基于技术的准则,将现有技术作为参考值。使用这一原则,决策者不需要去设定风险接受准则,因为已经给定了现在的风险水平。该准则是指新系统的风险与已经接受的现存系统的风险相比较,新系统的风险水平至少要与现存系统的风险水平大体相当,因此也称作风险总体一致原则。该准则假设可以接受的解决方案已经存在,任何新的方案都应该至少跟现有方案同样有效。法国在交通系统决策中使用GAMAB,新系统需要提供在整体上与现有等效系统一致的风险水平。英国铁路可靠性标准《铁路应用——可靠性、可用性、可维护性以及安全性(RAMS)的说明和展示》(EN50126—1999)写入了这项准则。GAMAB最近的一个变体是GAME,它将要求转化为"至少等效"。

三、MEM原则

德国MEM原则即"最小内源性死亡率",是minimum endogenous mortality的缩写,它将自然原因死亡概率作为风险接受参考水平。该准则要求任何新的或者改造的技术系统,都不能引起任何人个体风险的显著升高。与ALARP和GAMAB不同,MEM是一个从最低内源性死亡率推导得到的通用定量风险接受准则。内源性死亡是指由于自身原因(如疾病)等引起的死亡。与之相反,外源性死亡则是由于外部事故引起的。内源性死亡率是特定人群在特定时间由于内在原因引起的死亡率。5~15岁年龄儿童的内源性死亡率是最低的,在西方国家这一数字是平均每年每人2×10^{-4}。MEM原则将这个比例作为基准参考值,要求任何技术系统都不可以显著提升风险水平。根据《铁路应用——可靠性、可用性、可维护性以及安全性(RAMS)的说明和展示》(EN50126—1999),MEM中提到的这种"显著提升"等于5%。如果某单一技术系统将MEM中的个体风险值提升超过5%,它就会带来无法接受的风险。

四、安全检查表分析法

安全检查表分析法简单明了，易于理解与使用。检查项目主要根据有关标准、规范、法律的条款，控制措施主要根据专家的经验。安全检查表法如图 3-7 所示。

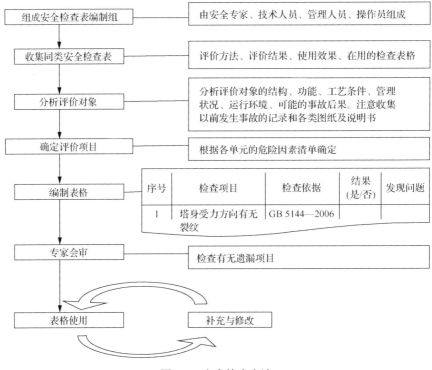

图 3-7　安全检查表法

五、预先危险性分析

预先危险性分析(preliminary hazard analysis，PHA)是在设计、施工、生产等活动之前，预先对系统可能存在的危险进行分析，从而避免采用不安全的技术路线，防止由于考虑不周而造成的损失。表 3-6 为危险性分级标准，分析过程如图 3-8所示。

表 3-6　危险性的分级

分级	说明
1 级	安全的
2 级	临界的，处于事故的边缘状态，暂时还不会造成人员伤亡或系统损坏，应予以排除或采取控制措施
3 级	危险的，会造成人员伤亡或系统破坏，要立即采取措施
4 级	破坏性的，会造成灾难事故，必须予以排除

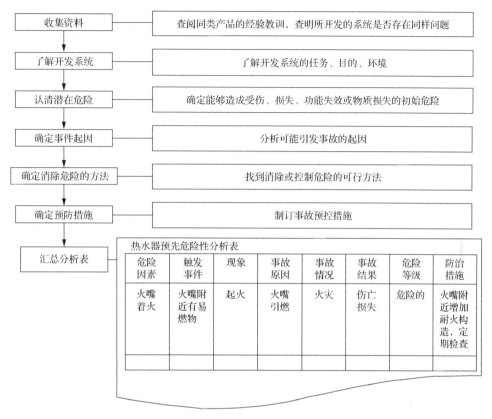

图 3-8　预先危险性分析法

该方法的优点包括：①由于系统开发时就做危险性分析，从而使得关键和薄弱环节得到加强，使得设计更加合理，系统更加紧固；②在产品加工时采取更加有针对性的控制措施，使得危险部位的质量得到有效控制，最大限度地降低因产品质量造成危险的可能性和严重度；③通过预先危险性分析，对于实际不能完全控制的风险，还可以提出消除危险或将其减少到可接受水平的安全措施或替代方案。

六、工作危害分析法

1. 工作危害分析的定义

工作危害分析 (job hazard analysis，JHA) 又称工作安全分析 (job safety analysis，JSA)、行为伤害分析 (activity hazard analysis，AHA)，是目前欧美企业在安全管理中使用最普遍的一种作业安全分析与控制的管理工具。通过对工作过程的逐步分析，找出其多余的、有危险的工作步骤和工作设备/设施，进行控制和预防。

2. JHA 适用范围

按照美国职业安全与健康管理局(OSHA)的要求，工作危害分析应当优先应用于以下方面：

(1)具有高伤害或致病比例的工作；

(2)具有潜在导致严重伤害、致病或致残伤害、致病的工作，即使这些伤害还没有先例；

(3)工作人员简单错误即可导致严重事故或伤害的工作；

(4)不熟悉的操作工作或该工作的操作持续变化；

(5)工作复杂，需要书面指导手册的工作。

3. 危害辨识步骤

第一步，对每一作业活动提问：①身体某一部位是否可能卡在物体之间？②工具、机器或装备是否存在危害因素？③从业人员是否可能接触有害物质？④从业人员是否可能滑倒、绊倒或摔落？⑤从业人员是否可能因推、举、拉、用力过度而扭伤？⑥从业人员是否可能暴露于极热或极冷的环境中？⑦是否存在过度的噪声或震动？⑧是否存在物体坠落的危害因素？⑨是否存在照明问题？⑩天气状况是否可能对安全造成影响？⑪是否存在产生有害辐射的可能？⑫是否可能接触灼热物质、有毒物质或腐蚀物质？⑬空气中是否存在粉尘、烟、雾、蒸汽？

以上仅为举例，在实际工作中遇到的问题远不止这些。

第二步，从能量和物质的角度做出提示：其中从能量的角度可以考虑机械能、热能、电能、化学能和辐射能等。机械能可造成物体打击、车辆伤害、机械伤害、起重伤害、高处坠落、坍塌、放炮、火药爆炸、瓦斯爆炸、锅炉爆炸、压力容器爆炸。热能可造成灼烫、火灾。电能可造成触电。化学能可导致中毒、火灾、爆炸、腐蚀。从物质的角度可以考虑压缩或液化气体、腐蚀性物质、可燃性物质、氧化性物质、毒性物质、放射性物质、病原体载体、粉尘和爆炸性物质等。

分析时不能仅分析作业人员工作不规范的危害，还要分析作业环境存在的潜在危害。作业时常常强调"三不伤害"，即不伤害自己、不伤害他人、不被他人伤害。在识别危害时，应考虑造成这三种伤害的危害因素。

七、事件树分析

事件树分析(event tree analysis，ETA)是一种从原因推论结果的(归纳的)系统安全分析方法。它在给定一个初因事件的前提下，分析此事件可能导致的后续事件的结果，整个事件序列呈树状。其分析步骤大致如下：

(1)确定初始事件；

(2)判定安全功能；

(3)发展事件树和简化事件树；

(4)分析事件树；

(5)事件树的定量分析。

事件树分析适用于多环节事件或多重保护系统的风险分析和评价。既可用于定性分析，也可用于定量分析。

八、故障模式及影响分析

故障模式及影响分析(failure modes and effects analysis，FMEA)把系统分割成子系统或进一步分割成元件，然后逐个分析元件可能发生的故障和故障呈现的状态(故障模式)，进一步分析故障类型对子系统甚至整个系统产生的影响，最后采取措施加以解决。在对系统进行初步分析后，对于其中特别严重，甚至会造成死亡或重大财物损失的故障类型，则可以单独拿出来进行详细分析，即 FMECA，这种方法叫故障模式、影响和危害性分析，它是故障模式及影响分析的扩展。

FMEA 是安全系统工程中重要的分析方法之一，它是由可靠性工程发展起来的，主要分析系统、产品的可靠性和安全性。《质量管理——组织质量-实现持续成功指南》（ISO 9004—2018)质量标准中，将 FMEA 作为保证产品设计和制造质量的有效工具。FMEA 程序如图 3-9 所示。

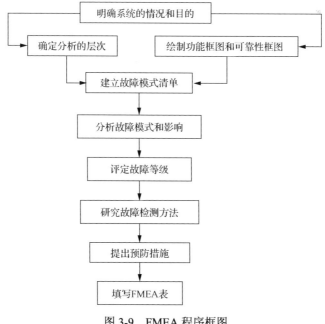

图 3-9　FMEA 程序框图

九、危险与可操作性分析

Hazop 中文可以称为危险与可操作性分析，最早由 ICI(Imperial Chemical Industries)于 20 世纪 60 年代发展起来。Hazop 由 Hazop 分析小组来执行。Hazop 的基本步骤是对要研究的系统做一个全面的描述，然后用引导词作为提示，系统地对每一个工艺过程进行提问，以识别出与设计意图不符的偏差。当识别出偏差以后，就要对偏差进行评价，以判断出这些偏差及其后果是否会对工厂的安全和操作效率有负面作用，然后会采取相应的补救行动。

Hazop 分析的主要工具是引导词，它和具体的工艺参数相结合，开发出偏差：

引导词+工艺参数=偏差

1. Hazop 引导词

Hazop 是一种系统地提出问题和分析问题的研究方法，其中一个本质的特征是使用引导词，用引导词把 Hazop 小组成员的注意力都集中起来，使小组成员致力寻找到偏差和可能引起偏差的原因。

表 3-7 列出了一些最基本的引导词。

表 3-7　Hazop 引导词

引导词	含义	备注
不或没有(no/none)	与设计意图完全相反	任何意图都实现不了，但也没有任何事情发生
更多(more)	一些指标数量上的增加，如温度增加	主要指数量+适当的物理量,如流量、温度及"加热"和"反应"
更少(less)	一些指标数量上的减少	
以及(as well as)	定性增加	所有的设计与操作意图均与其他活动一起获得
部分(part of)	定性减少	仅仅有一部分意图能够实现，一些不能
反向(reverse)	与原来意图逻辑上相反	多数用于活动，如相反的流量或反应，也可以用于物质
除了(other than)	完全替代	没有任何原来的意图可以实现

引导词通常与一系列的工艺参数结合在一起使用，每个引导词都有其适用范围，并不是每个引导词都适用于所有的过程，它与工艺参数的结合必须有一定的意义，即可判断出过程偏差。

表 3-8 是各引导词适用的工艺参数。

比如说，考虑的过程变量是温度的话，只有引导词 more 或 less 与温度结合起来才有可能判断出过程偏差。

表 3-8　引导词适用的工艺参数

引导词	工艺参数
no/none	流量、容量、水平
more	流量、压力、温度、黏度
less	流量、压力、温度、黏度
as well as	信号、浓度
part of	信号、浓度
reverse	流量
other than	浓度、信号

2. 进行 Hazop 分析

从前面各节对 Hazop 的描述中可以看出，Hazop 主要是 Hazop 小组利用引导词作为提示，与工艺参数相结合，从而判断出与设计意图不吻合的各种偏差。

引导词需要保证一个系统整体的各个工厂部分都要研究到，并且要考虑到与设计意图相违背的各种可能的偏差。

下面 7 个步骤是在 Hazop 分析中反复进行的，直到 Hazop 分析完成结束。

(1)应用一个引导词；

(2)开发偏差；

(3)列出可能引发偏差的原因；

(4)列出偏差可能引起的后果；

(5)考虑危险或可操作性的问题；

(6)定义要采取的行动；

(7)对所进行的讨论和所做的决定做记录。

3. Hazop 结果的记录

Hazop 分析的结果应由 Hazop 记录员精确地记录下来。有两种记录方法：选择性记录和完全记录。在 Hazop 分析方法的早期，主要用的是选择性记录。这种记录方法的原则是只记录那些有比较显著危险和操作性后果的偏差，而不是所有被讨论的主题。这是因为在早期，这些记录资料主要是在公司内部使用，而且早期记录主要是手工记录，这种记录方法提高了记录的效率，也节省了时间。

完全记录就是记录 Hazop 会议中所有被讨论的议题，即使是那些小组认为无关紧要的问题。完全记录可以向公司以外的第三方证明公司已经进行了严格的 Hazop 分析。现在有了计算机，利用软件可以实时地记录 Hazop 会议小组所讨论的各种问题，以前手工时代所顾虑的时间和效率问题都得到了解决，也使得完全记录变得实际可行。Hazop 小组必须按照图 3-10 所给顺序进行 Hazop。

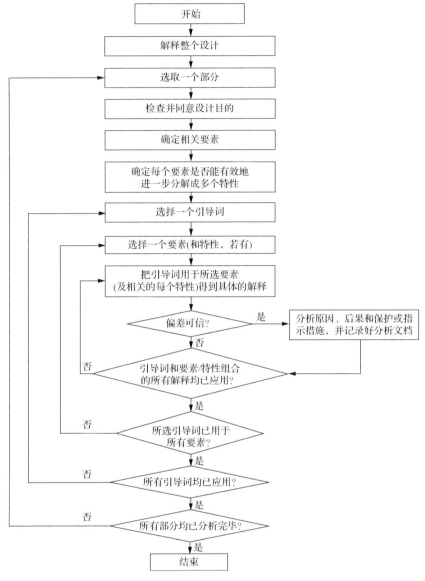

图 3-10　Hazop 方法流程图

第三节　风险定量分析方法

一、故障树分析

1. 方法简介

故障树分析(fault tree analysis，FTA)又称事故树分析，是一种演绎的系统安全分析方法。它是从要分析的特定事故或故障开始，层层分析其发生原因，一直分析到不能再分解为止；将特定的事故和各层原因之间用逻辑门符号连接起来，得到形象、简洁地表达其逻辑关系的逻辑树图形，即故障树。通过对故障树简化、计算达到分析、评价的目的。

2. 故障树分析的基本步骤

(1)确定分析对象系统和要分析的各对象事件(顶上事件)。

(2)确定系统事故发生概率、事故损失的安全目标值。

(3)调查原因事件。调查与事故有关的所有直接原因和各种因素(设备故障、人员失误和环境不良因素)。

(4)编制故障树。从顶上事件起，一级一级往下找出所有原因事件直到最基本的原因事件为止，按其逻辑关系画出故障树。

(5)定性分析。对故障树结构进行简化，求出最小割集和最小径集，确定各基本事件的结构重要度。

(6)定量分析。找出各基本事件的发生概率，计算出顶上事件的发生概率，求出概率重要度和临界重要度。

(7)结论。当事故发生概率超过预定目标值时，从最小割集着手研究降低事故发生概率的所有可能方案，利用最小径集找出消除事故的最佳方案；通过重要度(重要度系数)分析确定采取对策措施的重点和先后顺序；从而得出分析、评价的结论。

3. 故障树定性分析

故障树定性分析包括确定其最小割集，了解事故发生的可能性，最小割集的求取方法有布尔代数化简法、行列法、结构法、素数法及矩阵法；确定其最小径集，从而提出控制事故发生的措施，常将故障树对偶为成功树后再计算最小径集。

一个基本事件或最小割集对顶上事件发生的贡献率称为重要度。根据计算结构重要度大小排出各基本事件的重要度顺序，以便制定安全措施。

4. 故障树定量分析

在获得各基本事件发生概率的情况下，计算系统顶上事件发生概率以及基本事件的概率重要度和临界重要度。概率重要度按式(3-1)计算：

$$I_g(i) = \frac{\partial g}{\partial q_i} \tag{3-1}$$

式中，$I_g(i)$ 为第 i 个基本事件的概率重要度系数；g 为结构函数；q_i 为第 i 个基本事件的发生概率。

临界重要度按式（3-2）计算：

$$I_G(i) = \frac{\partial \ln g}{\partial \ln q_i} = \frac{\frac{\partial g}{g}}{\frac{\partial q_i}{q_i}} = \frac{q_i}{g} I_g(i) \tag{3-2}$$

式中，$I_G(i)$ 为第 i 个基本事件的临界重要度系数。基本事件的概率重要度系数，只反映了基本事件发生概率改变 Δq 与顶上事件发生变化 Δg 之间的关系，并没有反映基本事件本身的发生概率对顶上事件发生概率的影响。当各基本事件的发生概率不等时，如果将各基本事件发生概率都改变 Δq，则对发生概率大的事件进行这样的改变就比发生概率小的事件来得容易。因此，用基本事件发生概率的变化率 $(\Delta q_i/q_i)$ 与顶上事件发生概率的变化率 $(\Delta g/g)$ 的比值来确定事件 I 的重要程度更有实际意义。

5. 故障树分析的特点

故障树分析方法能详细查明系统各种固有、潜在的危险因素或事故原因，为改进安全设计、制定安全技术对策、采取安全管理措施和事故分析提供依据。它不仅可以用于定性分析，也可用于定量分析，从数量上说明是否满足预定目标值的要求，从而明确采取对策措施的重点和轻重缓急顺序。

二、因果分析

前面分别介绍了故障树分析和事件树分析，两者是截然不同的分析方法。前者逻辑上称为演绎分析法，是一种静态的微观分析法；后者逻辑上称为归纳分析法，是一种动态的宏观分析法。两者各有优点，也都存在不足之处。为了充分发挥各自之长，尽量弥补各自之短，从而提出了两者结合的分析方法——因果分析（FTA-ETA）。

1. 因果图

因果分析的第一步，是从某一初因事件起做出事件树图；第二步，是将事件树的初因事件和失败的环节事件作为故障树的顶上事件，分别做出故障树图；第三步，是根据需要和取得的数据进行定性或定量的分析，进而得到对整个系统的安全性评价。第一、二步所完成的图形称为因果图，图 3-11 就是以某工厂电机过热为初因事件的因果图。

2. 因果分析与评价

电机过热经分析可能引起 5 种后果（$G_1 \sim G_5$），这 5 种后果在图 3-11 右侧矩形方框中做了说明。关于各种后果的损失，经分析如表 3-9 所示。

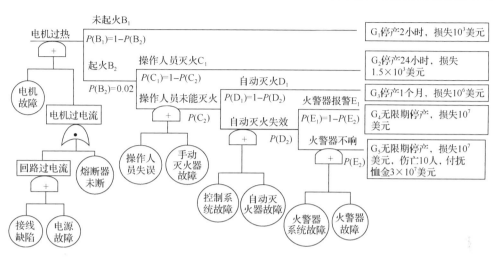

图 3-11　电机过热的因果图

表 3-9　电机过热各种后果的损失　　　　　　　　　（单位：美元）

后果	直接损失①	停工损失②	总损失 S_i
G_1	10^3	$2×10^3$	$3×10^3$
G_2	$1.5×10^4$	$24×10^3$	$3.9×10^4$
G_3	10^6	$744×10^3$	$1.744×10^6$
G_4	10^7	10^7	$2×10^7$
G_5	$4×10^7$	10^7	$5×10^7$

①直接损失是指直接烧坏及损坏造成的财产损失。而对于 G_5，则包括人员伤亡的抚恤费

②停工损失是指每停工 1 小时估计损失 1000 美元，G_1 停工 2 小时，G_2 停工 1 天，G_3 停工 1 个月，按 31 天算，G_4、G_5 均无限期停工，其损失约为 10^7 美元

　　为计算初因事件和各失败环节事件的发生概率，给出的有关参数见表 3-10。

表 3-10　各事件的有关参数

事件	有关参数
A	A 发生概率 $P(A)=0.088 / 6$ 个月，（电机大修周期=6 个月）
B_2	起火概率 $P(B_2)=0.02$（过热条件下）
C_2	操作人员失误概率 $P(X_5)=0.1$ 手动灭火器故障 X_6，$\lambda_6=10^{-4}$/小时，$T_6=730$ 小时（T_6 为手动灭火器的试验周期）
D_2	自动灭火控制系统故障 X_7，$\lambda_7=10^{-5}$/小时，$T_7=4380$ 小时 自动灭火器故障 X_8，$\lambda_8=10^{-5}$/小时，$T_8=4380$ 小时
E_2	火警器控制系统故障 X_9，$\lambda_9=5×10^{-5}$/小时，$T_9=2190$ 小时 火警器故障 X_{10}，$\lambda_{10}=10^{-5}$/小时，$T_{10}=2190$ 小时

　　根据表 3-10 的数据，可以计算各后果事件的发生概率。

各种后果事件的发生概率和损失大小均已知道，便可求 i 后果事件的风险率（或称损失率）：

$$R_i = P_i S_i \tag{3-3}$$

于是，可得到各种后果事件的发生概率、损失大小（严重）和风险率，具体见表 3-11。

表 3-11　各种后果事件的发生概率、损失大小和风险率

后果事件 G_i	损失大小 S/美元	发生概率 P_i/(1/6 个月)	风险率 R_i/(美元/6 个月)
G_1	3×10^3	0.086	258.00
G_2	3.9×10^4	0.001526184	59.52
G_3	1.744×10^6	0.000223686	390.11
G_4	2×10^7	0.000009469	189.38
G_5	5×10^7	0.000000659	32.95
累计			929.96 美元/6 个月=1859.92 美元/年

按表 3-11 中数据可画出电机过热各种后果的风险评价曲线，见图 3-12。

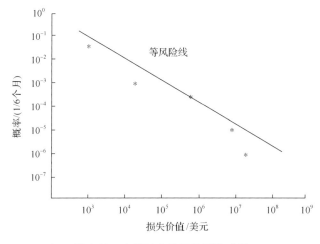

图 3-12　电机过热的风险评价曲线

上述方法是英国教授法默（Farmer）最早提出的，因此图 3-12 又称为法默风险评价图。图中斜线表示风险率为 300 美元/6 个月的等风险线。如果设计要求所有后果事件均不得超过这个风险率，那么，这个系统除 G_3 以外全部达到了安全要求，不需再调整。而对于 G_3，则应对有关安全设施或系统本身重新进行安全性、可靠性分析，提出相应措施，使其风险率降至 300 美元/6 个月以下。从整体考虑，如果各后果事件的风险率总和不超过 1000 美元/6 个月为允许的风险率，则可认为此系统及其安全设施是可以接受的，或称其为安全的。

三、致命度分析

对于特别危险的故障模式，如故障等级为Ⅰ级，有可能导致人命伤亡或系统损坏，因此对这类元件要特别注意，可采用致命度分析(CA)进一步分析。

美国汽车工程师学会(SAE)把致命度分成表 3-12 中的四个等级。

表 3-12　致命度等级与内容

等级	内容
Ⅰ	有可能丧失生命的危险
Ⅱ	有可能使系统损坏的危险
Ⅲ	涉及运行推迟和损失的危险
Ⅳ	造成计划外维修的可能

致命度分析一般都和故障模式影响分析合用。使用下式计算出致命度指数 C_r，表示元件运行 10^6 小时(次)发生故障的次数。

$$C_r = \sum_{i=1}^{n}(10^6 \alpha\beta k_A k_B \lambda_G t) \tag{3-4}$$

式中，C_r 为致命度指数，表示相应系统元件每 100 万次(或 100 万件产品中)运行造成系统故障的次数；n 为元件的致命性故障模式总数，$n=1, 2, \cdots, j$，其中 j 为致命性故障模式的第 j 个序号；λ_G 为元件单位时间或周期的故障率；k_A 为元件 λ_G 的测定与实际运行条件强度修正系数；k_B 为元件 λ_G 的测定与实际行动条件环境修正系数；t 为完成一项任务，元件运行的小时数或周期数；α 为致命性故障模式与故障模式比，即致命性故障模式所占比例；β 为致命性故障模式发生并产生实际影响的条件概率。

将 C_r 值由每工作一次的损失率换算为每工作次的损失换算系数，经此换算后 $C_r > 1$。致命度分析基本方法见表 3-13。

表 3-13　致命度分析表格

系统　　致命度分析日期

　　　　　　　　　　　　　　　　制表

子系统主管

项目编号	致命故障			致命度计算									
	故障类型	运行阶段	故障影响	项目数	k_A	k_B	λ_G	故障率数据来源	运转时间或周期	可靠性指数	α	β	C_r

四、概率函数法

根据个体风险的定义，个体风险指危险源引起区域内某一位置点的个体死亡概率，是空间位置坐标的函数。事故发生时，周围区域内任一坐标点 (x, y) 的个体风险值为

$$IR(x, y) = fv(x, y) \tag{3-5}$$

式中，f 为发生事故的概率；$v(x, y)$ 为在位置点 (x, y) 发生人员死亡事故的概率；$IR(x, y)$ 为在位置点 (x, y) 产生的个体风险值。

下面以液氨储罐泄漏来分析概率函数法。

1. f 的计算模型

可以根据事故树推导出发生中毒事故的概率，其计算公式如下：

$$f = f_1 \times f_2 \times f_3 \tag{3-6}$$

式中，f_1 为发生液氨泄漏的概率；f_2 为液氨泄漏后形成毒气云的可能性大小；f_3 为点 (x, y) 受到泄漏氨气影响的可能性大小与泄漏后氨气扩散到位置的可能性的乘积，风向的变化也应考虑在 f_3 当中。

2. $v(x, y)$ 的计算模型

可以通过概率函数法得到点 (x, y) 由于发生液氨泄漏导致个体死亡的可能性。例如，氨气泄露导致个体发生死亡事故的概率是呈现正态分布的，即

$$v(x, y) = \frac{1}{\sqrt{2\pi}} \int_{-\infty}^{Y-5} \exp\left(-\frac{u^2}{2}\right) du \tag{3-7}$$

式中，Y 为概率变量，呈现高斯正态分布规律，偏差为 1，均值为 5；u 为积分变量。

$$Y = k_1 + k_2 \ln C^n t \tag{3-8}$$

式中，不同有害物质根据自身属性不同采用不同的常数，对氨气中毒事故，$k_1 = -35.9$、$k_2 = 18.5$、$n = 2.0$；t 为个体接触有害物质的时间；C 为有害物质的浓度。

五、风险叠加法

风险叠加法是当区域内的危险源不止一个时，考虑多个危险源个体风险叠加的方法，计算某人在某地发生死亡事故的概率(包括一个容器失效或者多个容器同时失效)可以用相关经验公式计算，计算结果再用概率论的方法进行计算，就可以得到某地发生容器失效事故导致个体死亡的综合概率。

当某一地点处于两个以上容器的共同失效影响范围时，依据特定的失效模式可以计算出该地点受失效后果的影响情况。

用火灾（池火或喷射火）事故来说明，O 点人员可能会受到设备 A 失效的影响导致热辐射过高造成死亡事故，概率为 V_h，同样 O 点的人员还可能受设备 B 失效爆炸，由冲击波造成人员死亡，概率为 V_p。上面提到的设备 A、设备 B 失效的概率用 f_A、f_B 来表示。

那么地点 O 处的个体风险值可以用下列公式来计算：

$$\text{IR} = f_A V_\text{h} + f_B V_\text{p} \tag{3-9}$$

则任何一个固定地点受到多种设备失效影响的风险就可以用下列公式计算：

$$\text{IR} = \sum_{i=1}^{n} f_i V_i \tag{3-10}$$

式中，n 为区域内的设备数量；V_i 为第 i 个设备发生死亡事故的概率；f_i 为某个设备发生事故的概率。

六、函数模型评价法

对于较为复杂的情景，通常采用函数模型评价法。例如，在化工园区区域内，某一地点坐标 (x, y) 处的个人风险可以通过下式计算获得：

$$\text{IR}(x, y) = \sum_{z=1}^{Z} \sum_{w=1}^{W} \sum_{i=1}^{I} F_{z,l} P_w P_i C_z(x, y) \tag{3-11}$$

式中，$\text{IR}(x, y)$ 为在化工园区某一地点发生死亡事故的风险；$F_{z,l}$ 为发生容器泄漏事故的修正系数；P_w 为各种气象因素的概率；P_i 为着火源意外着火的概率；$C_z(x, y)$ 为 (x, y) 点在某个情况下发生死亡事故的概率；Z 为发生容器泄露的设备个数；W 为对事故造成影响的气象条件个数；I 为存在着火源的数目。

公共场所某处的个人风险等于所有事故后果在该点的连续求和。个人风险的概念模型可表达为

$$\text{IR}(x, y) = \sum_{i=1}^{I} \sum_{j=1}^{J} m P_{i,j}(n, t) F_i(n, d) W \tag{3-12}$$

式中，$\text{IR}(x, y)$ 为公共场所某一地点发生死亡事故的风险；m 为个体在该地点暴露时间的修正系数；t 为个体暴露在该地点的平均时间；P_i 为在 t 时间内，在该公共场所 j 发生了 n 次事故 i 的概率；$F_i(n, d)$ 为发生死亡事故的人数与事故 i 的发生

次数在 t 时间之内的函数关系；W 为系统误差修正系数；I 为应该考虑到的事故类型的个数；J 为考虑的公共场所的个数。

七、社会风险接受准则

社会风险(social risk，SR)，英国化学工程师协会(Institution of Chemical Engineers)将其定义为某特定群体遭受特定水平灾害的人数和频率的关系。社会风险用于描述整个地区的整体风险情况，而非具体的某个点，其风险的大小与该范围内的人口密度成正比。如图 3-13 所示，(a)和(b)中风险源是相同的，所以两图中个人风险相同，但(b)中风险源周围的接触人员多于(a)，所以(b)中社会风险更大。

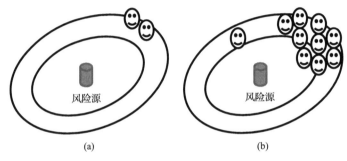

图 3-13　个人风险与社会风险的区别

目前，社会风险接受准则的确定方法有 F-N 曲线、潜在生命丧失(potential loss of life，PLL)、致命事故率(fatal accident rate，FAR)、设备安全成本(implied cost of averting a facility，ICAF)、社会效益优化法等。

(1)F-N 曲线。早在 1967 年，Farmer 首先采用概率论的方法，建立了一条各种风险事故所容许发生概率的限制曲线。起初主要用于核电站的社会风险可接受水平的研究，后来被广泛运用到各行业社会风险、可接受准则等风险分析方法当中(图 3-14)，其理论表达式为

$$P_f(x) = 1 - F_N(x) = P(N > x) = \int_x^{\infty} f_N(x)\mathrm{d}x \tag{3-13}$$

式中，$P_f(x)$ 为年死亡人数大于 N 的概率；$F_N(x)$ 为年死亡人数为 N 的概率分布函数；$f_N(x)$ 为年死亡人数为 N 的概率密度函数。

F-N 曲线在表达上具有直观、简便、可操作性与可分析性强的特点。然而在实际中，事故发生的概率是难以得到的，分析时往往以单位时间内事故发生的频率来代替，其横坐标一般定义为事故造成的死亡人数 N，纵坐标为造成 N 人或 N 人以上死亡的事故发生频率 F。

$$F = \sum f(N) \tag{3-14}$$

式中，$f(N)$ 为年死亡人数为 N 的事故发生频率；F 为年内死亡事故的累积频率。

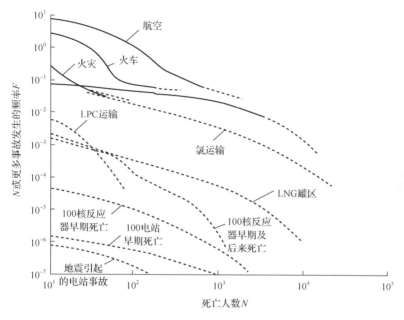

图 3-14　各种活动危险的 F-N 曲线示例

目前许多国家和地区，常用以下公式确定 F-N 曲线社会风险可接受准则：

$$1 - F_N(x) < \frac{C}{x^n} \tag{3-15}$$

式中，C 为风险极限曲线位置确定常数；n 为风险极限曲线的斜率。

式(3-15)中，n 值说明了社会对于风险的关注程度。绝大多数情况下，决策者和公众对损失后果大的风险事故的关注度要明显大于对损失后果小的事故的关注度。例如，他们更加关心死亡人数为 10 人的 1 次大事故而相对忽略每次死亡 1 人的 10 次小事故，这种倾向被称为风险厌恶，即在 F-N 曲线中 $n=2$；而 $n=1$ 则称为风险中立，如图 3-15 和表 3-14 所示。

(2)潜在生命丧失。它指某种范围内的全部人员在特定周期内可能蒙受某种风险的频率，其定义为

$$\text{PLL} = P_f \times \text{POB}_{\text{av}} \tag{3-16}$$

式中，P_f 为事故年发生概率；POB_{av} 为某设备上全部工作人员的年平均数目。

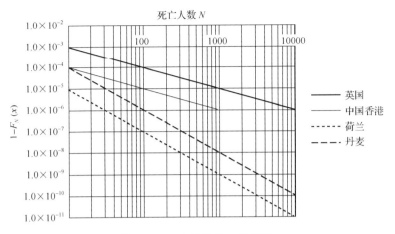

图 3-15　F-N 曲线的一些标准

表 3-14　一些国家和地区的 F-N 曲线参数取值

国家和地区	C	n
英国	0.010	1
中国香港	0.001	1
荷兰	0.001	2
丹麦	0.010	2

(3)致命事故率。它表示单位时间某范围内全部人员中可能死亡人员的数目。通常是用一项活动在 10^8 小时(大约等于 1000 个人在 40 年职业生涯中的全部工作时间)内发生的事故来计算 FAR 值，其计算公式为

$$FAR = \frac{PLL \times 10^8}{POB_{av} \times 8760} \tag{3-17}$$

在比较不同的职业风险时，FAR 值是一种非常有用的指标。但是 FAR 值也常常容易令人误解，这是因为在许多情况下，人们只花了一小部分时间从事某项活动。比如，当一个人步行穿过街道时具有很高的 FAR 值，但是，当他花很少的时间穿过街道时，穿过街道这项活动的风险只占总体风险很小的一部分，此时如何衡量 FAR 值还有待进一步研究。

(4)设备安全成本。它可用避免一个人死亡所需成本来表示。ICAF 越低，表明风险减小措施越符合低成本高效益的原则，即所花费的单位货币可以挽救更多人的生命。通过计算比较减小风险的各种措施的 ICAF 值，决策人员能够在既定费用的基础上选择一个最能减小人员伤亡的风险控制方法，其定义为

$$ICAF = \frac{g \times e \times (1-w)}{4w} \tag{3-18}$$

式中，g 为国内生产总值，其范围是 2600～14000 元；e 为人的寿命，发展中国家 e=56 年，中等发达国家 e=67 年，发达国家 e=73 年；w 为人工作所花费的生命时间。

(5)社会效益优化法。从社会效应的角度确定风险接受准则的优化法是目前最高水准的方法。从事这方面研究的代表人物有加拿大的 Lind 等。Lind 等从社会影响的角度，选择一个合适的社会指数，这个社会指数要能够比较准确地反映社会或一部分人生活质量的某些方面，他们推荐了生命质量指数(life quality index，LQI)。这种方法从本质上认为一项活动对社会的有利影响应当尽可能大，其计算比较复杂。

第四节 风险评价方法

一、风险评价方法概述

1. 定性评价方法

定性评价方法主要是根据经验和判断对生产系统的工艺、设备、环境、人员、管理等方面的状况进行定性评价，如安全检查表、预先危险性分析、失效模式和后果分析、危险可操作性研究、事件树分析法、故障树分析法、人的可靠性分析方法等。这类方法在企业安全管理工作中被广泛使用，主要是因为其简单，便于操作，评价过程及结果直观。但是这类方法含有相当高的主观和经验成分，带有一定的局限性，对系统危险性的描述缺乏深度。

2. 半定量评价法

半定量评价法包括概率风险评价方法(LEC)、打分的检查表法、MES 法等。这种方法大都建立在实际经验的基础上，合理打分，根据最后的分值或概率风险与严重度的乘积进行分级。由于其可操作性强且还能依据分值有一个明确的级别，因而广泛应用于地质、冶金、电力等领域。

3. 定量评价方法

定量评价方法是根据一定的算法和规则，对生产过程中的各个因素及相互作用的关系进行赋值，从而算出一个确定值的方法。若规则明确、算法合理，且无难以确定的因素，则此方法的精度较高且不同类型评价对象间有一定的可比性。美国道化学公司的火灾、爆炸指数法，英国帝国化学工业有限公司蒙德部门的蒙德评价法，日本的六阶段风险评价方法和我国化工厂危险程度分级方法，我国易燃易爆有毒危险源评价方法均属此类。

二、评点法

评点法较为简单，划分精确，一般适合于完整而复杂的系统，公式如下：

$$C_s = \prod C_i (i = 1,2,3,4,5) \tag{3-19}$$

式中，C_s 为总评点数，$0 < C_s < 10$；C_i 为各评点数，$0 < C_i < 10$。

此方法从 5 个方面考虑风险的程度，并通过求积来综合风险因素的程度，见表 3-15。

表 3-15　评点因素及评点数参考表

因素	内容	评点数 C_i
后果程度	生命财产损失	5.0
	一定程度损失	3.0
	元件功能损失	1.0
	无功能损失	0.5
系统影响程度	对系统产生两处以上重大影响	2.0
	对系统产生一处以上重大影响	1.0
	对系统无过大影响	0.5
发生概率	很可能发生	1.5
	偶然发生	1.0
	不大发生	0.7
防止故障的难易程度	无法防止	1.3
	能够防止	1.0
	易于防止	0.7
是否新设计的系统	相当新设计	1.2
	与过去相类似的设计	1.0
	与过去同样的设计	0.8

风险等级 R 依据 C_s 值划分，见表 3-16。

表 3-16　评点数与风险等级的对照表

总评点数 C_s	风险等级 R
$C_s > 7$	D(红)
$1 < C_s \leqslant 7$	C(橙)
$0.2 < C_s \leqslant 1$	B(黄)
$C_s \leqslant 0.2$	A(蓝)

三、矩阵法

矩阵法主要是将定性或半定量的后果分级与可能程度相结合，以此来评估风险程度的方法。其中将风险影响程度量化为 5 个区间，即轻微的、较小的、较大的、重大的、特大的，其分别对应着对人、物、环境、社会信誉的影响，见表 3-17、表 3-18。

表 3-17　风险严重度分级标准

严重度等级	描述	严重度标准说明			
		对人的影响	对物的影响	对环境的影响	对社会信誉的影响
1	轻微的	轻微	轻微	极小	轻微
2	较小的	较小	较小	轻度	有限
3	较大的	大的	局部	局部	巨大
4	重大的	一人死亡/全部失能伤残	严重	严重	国内
5	特大的	多人死亡	重大	国内广泛	国际

注：同一风险因素导致的后果对人、物、环境以及社会信誉的影响的严重度不相同时，按照最严重的等级计算

表 3-18　风险可能性分级标准

可能性等级	描述	概率说明
a	不可能发生	近 10 年内国内及其他行业未发生
b	几乎不发生	近 10 年内公司未发生
c	偶尔发生	近 10 年内公司发生多次
d	可能发生	近 5 年内公司发生多次
e	经常发生	每年公司现场发生多次

通过风险矩阵 $R=L \times P$，将风险等级划分为四个等级，分别对应着 D、C、B、A，红、橙、黄、蓝，相应地，风险评价预测出的不同的风险等级，会采取不同的有针对性的管控措施。具体风险 $R=f(L, P)$ 评价等级划分标准见表 3-19。

表 3-19　风险评价等级划分标准

等级	1 轻微	2 较小	3 较大	4 重大	5 特大
a 不可能发生	A	A	A	B	B
b 几乎不发生	A	A	B	B	C
c 偶尔发生	A	B	B	C	D
d 可能发生	A	B	C	C	D
e 经常发生	B	C	C	D	D

四、LEC 评价法

LEC 评价法是一种评价在具有潜在危险性环境中作业时的危险性半定量评价方法。*L* 为事故发生的可能性；*E* 为人员暴露于危险环境的频繁程度；*C* 为发生事故可能造成的后果；*D*=*LEC*。

危险等级划分如图 3-16 所示。

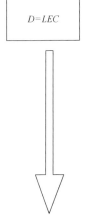

分数值	事故发生的可能性(L)	分数值	人员暴露于危险环境的频繁程度(E)
10	完全可以预料到	10	连续暴露
6	相当可能	6	每天工作时间暴露
3	可能，但不经常	3	每周一次，或偶然暴露
1	可能性小，完全意外	2	每月一次暴露
0.5	很不可能，可以设想	1	每年几次暴露
0.2	极不可能	0.5	非常罕见的暴露
0.1	实际不可能		

D=*LEC*

分数值	事故严重度/万元	发生事故可能造成的后果(C)
100	>500	大灾难，许多人死亡，或造成重大财产损失
40	100	灾难，数人死亡，或造成很大财产损失
15	30	非常严重，1人死亡，或造成一定的财产损失
7	20	严重，重伤，或较小的财产损失
3	10	重大，致残，或很小的财产损失
1	1	引人注目，不利于基本的安全卫生要求

LEC评价法危险性分级依据

危险源级别	*D*值	危险程度
一级	>320	极其危险，不能继续作业
二级	160~320	高度危险，需要立即整改
三级	70~160	显著危险，需要整改
四级	20~70	一般危险，需要注意
五级	<20	稍有危险，可以接受

图 3-16　LEC 评价法

五、MES 评价法

该方法将风险程度 R 表示为：$R=MES$，其中 M 为控制措施的状态，E 为人员暴露于危险环境的频繁程度，S 为事故后果。MES 评价法可以看作对 LEC 评价法的改进。

MES 评价法如图 3-17 所示。

分数值	控制措施的状态(M)	分数值	人员暴露于危险环境的频繁程度(E)
5	无控制措施	10	连续暴露
3	有减轻后果的应急措施，包括警报系统	6	每天工作时间暴露
1	有预防措施，如机器防护装置等	3	每周一次，或偶然暴露
		2	每月一次暴露
		1	每年几次暴露
		0.5	非常罕见的暴露

$R=MES$

事故后果(S)

分数	伤害	职业相关病症	设备财产损失/万元	环境影响
10	有多人死亡		>10000	有重大环境影响的不可控排放
8	有一人死亡	职业病(多人)	1000~10000	有中等环境影响的不可控排放
4	永久失能	职业病(一人)	100~1000	有较轻环境影响的不可控排放
2	需医院治疗，缺工	职业性多发病	10~100	有局部环境影响的可控排放
1	轻微，仅需急救	身体不适	<3	无环境影响

分级依据：$R=MES$

分级	有人身伤害的事故(R)	单纯财产损失事故(R)
一级	>180	30~50
二级	90~150	20~24
三级	50~80	8~12
四级	20~48	4~6
五级	<18	≤3

图 3-17 MES 评价法

六、MLS 评价法

该法由中国地质大学马孝春博士设计，是对 MES 和 LEC 评价法的进一步改进。经过与 LEC、MES 评价法对比，该方法的评价结果更贴近于真实情况。该方法的评价方程式为

$$R = \sum_{i=1}^{n} M_i L_i (S_{i1} + S_{i2} + S_{i3} + S_{i4}) \tag{3-20}$$

式中，R 为危险源的评价结果，即风险，无量纲；n 为危险因素的个数；M_i 为对第 i 个危险因素的控制与监测措施；L_i 为作业区域的第 i 种危险因素发生事故的频率；S_{i1} 为由第 i 种危险因素发生事故所造成的可能的一次性人员伤亡损失；S_{i2} 为由于第 i 种危险因素的存在，所带来的职业病损失(S_{i2} 即使在不发生事故时也存在，按一年内用于该职业病的治疗费来计算)；S_{i3} 为由第 i 种危险因素诱发的事故造成的财产损失；S_{i4} 为由第 i 种危险因素诱发的环境累积污染及一次性事故的环境破坏所造成的损失。

MLS 评价法充分考虑了待评价的各种危险因素及由其所造成的事故严重度；在考虑了危险源固有危险性外，还有反映对事故是否有监测与控制措施的指标；对事故严重度的计算考虑了由于事故所造成的人员伤亡、财产损失、职业病、环境破坏的总影响；客观再现了风险产生的真实后果：一次性的直接事故后果及长期累积的事故后果。MLS 评价法比 LEC 和 MES 评价法更贴近实际，更易于操作，在实际评价中取得了较好效果，值得在实践中推广。

七、FEMSL 评价法

该方法是用于可操作性较强的半定量评价法。该评价法考虑了 5 个主要评价因素 FEMSL，即 F 为危险源单元中可能的危险因素，E 为人体暴露于危险场所的频率，M 为控制与预测的状态，S 为事故的可能后果，L 为发生事故的可能性大小。

1. 评价因素取值

1)潜在的危险因素 F

危险因素是指能造成人员伤亡、影响人的身体健康、对物造成急性或慢性损坏的因素。

参照《生产过程危险和有害因素分类与代码》(GB/T 13861—2009)的规定及《企业职工伤亡事故分类》(GB 6441—1986)的有关规定，以及国家卫生和计划生育委员会、人力资源和社会保障部、国家安全监管总局、全国总工会等颁布的《职业病危害因素分类目录》(国卫疾控发〔2015〕92 号)，再结合评价单位或企

业的实际情况，可综合成如表 3-20 的危险因素。

表 3-20　危险因素

序号	危险因素	说明
1	物体打击	指物体在重力或其他外力的作用下产生运动，打击人体造成人身伤亡事故，不包括因机械设备、车辆、起重机械、坍塌等引发的物体打击
2	车辆伤害	指企业机动车辆在行驶中引起的人体坠落和物体倒塌、飞落、挤压等造成的伤亡事故，不包括起重设备提升、牵引车辆和车辆停驶时发生的事故
3	机械伤害	指机械设备运动(静止)部件、工具、加工件直接与人体接触引起的夹击、碰撞、剪切、卷入、绞、碾、割、刺等伤害，不包括车辆、起重机械引起的机械伤害
4	高处坠落	指在高处作业中发生坠落造成的伤亡事故，不包括触电坠落事故
5	坍塌	指物体在外力或重力作用下，超过自身的强度极限或因结构稳定性破坏而造成的事故，如挖沟时的土石塌方、脚手架坍塌、堆置物倒塌等
6	电磁辐射、电离辐射	X 射线、γ 射线、α 粒子、β 粒子、质子、中子、高能电子束等电离辐射；紫外线、激光、射频辐射、超高压电场等非电离辐射
7	运动物伤害	固体抛射物、液体飞溅物、反弹物、岩土滑动、堆料垛滑动、气流卷动、冲击地压、其他运动物危害
8	高温伤害	由高温气体、高温固体、高温液体、其他高温物质引起的火焰烧伤，高温物体烫伤，化学灼伤(酸、碱、盐、有机物引起的体内外灼伤)，物理灼伤(光、放射性物质引起的体内外灼伤)，不包括电灼伤和火灾引起的烧伤
9	低温伤害	低温气体、低温固体、低温液体、其他低温物质
10	燃烧	易燃性气体、易燃性液体、易燃性固体、易燃性粉尘与气溶胶、其他易燃物
11	腐蚀伤害	腐蚀性气体、腐蚀性液体、腐蚀性固体、其他腐蚀性物质
12	物理性爆炸	包括锅炉爆炸、容器超压爆炸、轮胎爆炸等
13	化学性爆炸	是指可燃性气体、粉尘等与空气混合形成爆炸性混合物，接触引爆能源时，发生的爆炸事故(包括气体分解、喷雾爆炸)
14	有毒与窒息	包括中毒、缺氧窒息、中毒性窒息
15	电伤害	由带电部位裸露、漏电、雷电、静电、电火花、其他电危害引起的触电、灼伤等伤害
16	噪声伤害	机械性噪声、电磁性噪声、流体动力性噪声、其他噪声
17	粉尘伤害	由于粉尘的存在而对人体造成的急性或慢性伤害
18	淹溺	存在局部水患威胁
⋮	⋮	根据行业特点，可追加更多的危险因素，如采煤业可加入瓦斯爆炸、冒顶片帮、透水等因素

　　具体评价时，可选多项，每项计 1 分，如农药制药车间存在的危险因素有触电、灼伤、机械伤害、火灾、中毒 5 种危险因素，则 $F=5$。

　　2) 人体暴露于危险场所的频率 E

　　按表 3-21 的分级水平取值。

表 3-21　人体暴露于危险场所的频率

分数值	暴露于危险环境的频率
10	连续暴露
6	每天工作时间内暴露
3	每周一次，或偶然暴露
2	每月一次暴露
1	每年几次暴露
0.5	更少的暴露

如 8 小时不离开工作岗位的作业，则算连续暴露；8 小时内暴露一次至几次的，算每天工作时间内暴露。

3）控制与可监测状态 M

按表 3-22 的分级水平取值。

表 3-22　控制与可监测状态的分级水平取值

分数值	监测措施 (M_1)	控制措施 (M_2)
5	无监测措施或被监测到的概率<10%	无控制措施
3	有高于 50% 的事故可被监测到	有减轻后果的应急措施，包括警报系统
1	肯定能被监测到	有行之有效的预防措施

$$M = M_1 + M_2 \tag{3-21}$$

4）事故的可能后果：严重度 S

严重度按表 3-23 的分级水平取值。

表 3-23　严重度的分级水平取值

分数值	人员伤亡损失 (S_1)	职业病损失 (S_2)	财产损失 (S_3)/万元	环境治理费 (S_4)
10	有多人死亡		>200	有重大环境影响的不可控排放
8	有一人死亡	职业病（多人）	100～200	有中等环境影响的不可控排放
4	永久失能	职业病（一人）	10～100	有较轻环境影响的不可控排放
2	需医院治疗，缺工	职业性多发病	5～10	有局部环境影响的可控排放
1	轻微，仅需急救	身体不适	<5	无环境影响

2. 分级

在上述各项因素有明确取值后，代入如下公式：

$$R = R_人 + R_物 + R_环境 = \left[\mathrm{FE}(S_1 + S_2) + S_3 + S_4\right]M \qquad (3\text{-}22)$$

则可根据表 3-24 中的分值水平进行分级。

表 3-24　分级表

分数值	人员伤亡损失(S_1)
＞360	一级危险源
240～360	二级危险源
120～240	三级危险源
60～120	四级危险源
＜60	五级危险源

八、道化学火灾、爆炸危险指数评价法

该方法是对工艺装置及所含物料中潜在火灾、爆炸和反应性危险的逐步推算和客观评价，其定量依据是以往事故的统计资料、物质的潜在能量和现行安全防灾措施状况。评价方法及流程如图 3-18 所示。在进行风险分析时需准备的资料包括准确的装置设计方案、工艺流程图。道化学火灾、爆炸危险指数评价法包括以下表格：

(1)道化学火灾、爆炸指数计算表。该表对一般工艺、特殊工艺中的危险物质指定了危险系数范围，可参照选取。

(2)安全措施补偿系数表。对工艺控制安全补偿系数、物质隔离安全补偿系数、防火设施安全补偿系数的补偿范围给出了参考值。总的补偿系数为以上三者之积。

(3)工艺单元风险分析汇总表。在此表中须填写工艺单元内的火灾与爆炸指数、暴露半径、暴露面积、暴露区内财产价值、危害系数、基本最大可能财产损失、安全措施补偿系数、实际最大可能财产损失、最大可能停工天数、停产损失。

(4)生产装置风险分析汇总表。对各工艺单元的风险损失进行汇总。

(5)工艺设备及安装成本表。道化学火灾、爆炸危险指数评价法是较为成熟、使用面最广的评价方法。基本上所有的国家都有企业采用这种方法进行化学品的危险性评价。另外，我国的易燃、易爆、有毒类危险源的评价方法也是在充分吸收道化学评价法优点的基础上，考虑到中国国情而改造的一种评价方法。

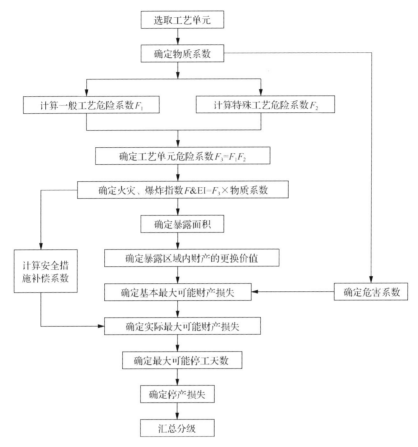

图 3-18 道化学火灾、爆炸危险指数评价法

由于道化学评价方法融合了化学专业的多种理论、跨国企业的成功经验，所以能客观地量化潜在的火灾、爆炸和反应性事故的预期损失，能确定可能引起事故的设备，具有较高权威性。该方法特别适用于管理到位、资料充分、系统复杂的大型化工企业。

九、蒙德火灾、爆炸、毒性指数评价法

该评价法是帝国化学工业有限公司蒙德部门在道化学火灾、爆炸危险指数评价法基础上补充发展的评价方法，其应用范围也是化工行业，评价程序如图 3-19 所示。

帝国化学工业有限公司蒙德部门的蒙德火灾、爆炸、毒性指数法计算的指标包括 DOW/ICI 总指标、火灾潜在性的评价、爆炸潜在性的评价(包括内部单元爆炸指标、地区爆炸指标)、毒性危险性评价及总危险性系数。各指标值及其范畴分别见表 3-25～表 3-31。

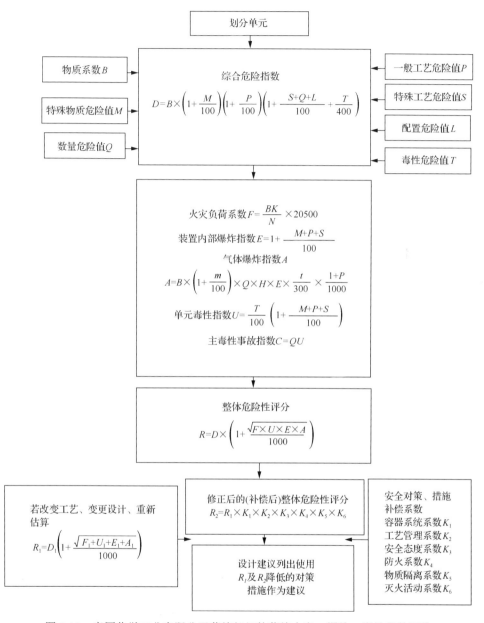

图 3-19 帝国化学工业有限公司蒙德部门的蒙德火灾、爆炸、毒性指数评价

表 3-25 DOW/ICI 总指标的范围及危险性程度

参数	D 值范围								
	0~20	20~40	40~60	60~75	75~90	90~115	115~150	150~200	>200
全体危险性程度	缓和的	轻度的	中等的	稍重的	重的	极端的	非常极端的	潜在灾难性的	高度灾难性的

表 3-26　火灾负荷范畴及火灾持续时间

火灾负荷 F 通常作业区实际值 /(英热单位/ft²)	范畴	预计火灾持续时间/小时	备注
$0\sim5\times10^4$	轻	$1/4\sim1/2$	
$5\times10^4\sim10^5$	低	$1/2\sim1$	住宅
$10^5\sim2\times10^5$	中等	$1\sim2$	工厂
$2\times10^5\sim4\times10^5$	高	$2\sim4$	工厂
$4\times10^5\sim10^6$	非常高	$4\sim10$	对使用建筑物最大
$10^6\sim2\times10^6$	强的	$10\sim20$	橡胶仓库
$2\times10^6\sim5\times10^6$	极端的	$20\sim50$	
$5\times10^6\sim10^7$	非常极端的	$50\sim100$	

注：1 英热单位=1055.06J，1ft²=9.290304×10⁻²m²，下同

表 3-27　内部单元爆炸指标 E 值及其范畴

E	$0\sim1$	$1\sim2.5$	$2.5\sim4$	$4\sim6$	>6
范畴	轻微	低	中等	高	非常高

表 3-28　地区爆炸指标 A 值及其范畴

A	$0\sim10$	$10\sim30$	$30\sim100$	$100\sim500$	>500
范畴	轻	低	中等	高	非常高

表 3-29　单元毒性指标 U 值及其范畴

U	$0\sim1$	$1\sim3$	$3\sim6$	$6\sim10$	>10
范畴	轻微	低	中等	高	非常高

表 3-30　主毒性事故指标 C 值及其范畴

C	$0\sim20$	$20\sim50$	$50\sim200$	$200\sim500$	>500
范畴	轻	低	中等	高	非常高

表 3-31　总危险性系数 R 值及其范围

R	$0\sim20$	$20\sim100$	$100\sim500$	$500\sim1100$	$1100\sim2500$	$2500\sim12500$	$12500\sim65000$	>65000
范围	缓和	低	中等	高(1)类	高(2)类	非常高	极端	非常极端

　　该评价方法由物质、工艺、毒性、布置危险计算采取措施前后的火灾、爆炸、毒性和整体危险性指数，评定各类危险性等级。该评价方法要求评价人员熟练掌握方法、熟悉系统、有丰富的专业知识和良好的判断能力。

十、日本六阶段评价法

1976 年，日本厚生劳动省提出了"化工装置安全评价方法"。该方法主要应用于化工产品的制造和储存，是对工程项目的安全性进行定性评价和定量评价的综合评价方法，是一种考虑较为周到的评价方法。

其评价的步骤如下：

(1)有关资料的整理和讨论。为了进行事先评价，有关资料应被整理并加以讨论。资料包括建厂条件、物质理化特性、工程系统图、各种设备、操作要领、人员配备、安全教育计划等。

(2)定性评价。对设计和运转的各个项目进行定性评价。前者有 29 项，后者有 34 项。

(3)定量评价。把装置分成几个工序，再把工序中各单元的危险度定量，以其中最大的危险度作为本工序的危险度。单元的危险度由物质、容量、温度、压力和操作五个项目确定，其危险度分别按 10 点、5 点、2 点、0 点计分，然后按点数之和分成 3 级。

对单元的各项按方法规定的表格赋分，最后按照这些分值点数之和，来评定该单元的危险程度等级。

$$\{物质\ E\}+\{容量\ F\}+\{温度\ G\}+\{压力\ H\}+\{操作\ I\}=\{危险性\ R\}$$
$$0\text{—}10 \qquad 0\text{—}10 \qquad 0\text{—}10 \qquad 0\text{—}10 \qquad 0\text{—}10$$

$R \geqslant 16$ 点为Ⅰ级，属高度危险；11 点$\leqslant R \leqslant$15 点为Ⅱ级，属中度危险，需同周围情况和其他设备联系起来进行评价；1 点$\leqslant R \leqslant$10 点为Ⅲ级，属低度危险。

(4)安全措施。根据工序评价出的危险度等级，在设备上和管理上采取相应的措施。设备方面的措施有 11 种安全装置和防灾装置，管理措施有人员安排、教育训练、维护检修等。

(5)用事故案例进行再评价。按照第四步讨论了安全措施之后，再参照同类装置以往的事故案例评价其安全性，必要的话，反过来再讨论安全措施。属于第Ⅱ、Ⅲ级危险度的装置，到此步便认为是评价完毕。

(6)用故障树分析(FTA)进行再评价。属于第Ⅰ级危险度的情况，可进一步用 FTA 再评价。通过安全性的再评价，发现需要改进的地方，采取相应措施后，再开始建设。

十一、易燃、易爆、有毒重大危险源评价法

该方法是我国"八五"国家科技攻关专题"易燃、易爆、有毒重大危险源辨识、评价技术研究"的研究成果，其数学评价模型为

$$A = \left\{ \sum_{i=1}^{n} \sum_{j=1}^{m} (B_{111})_i W_{ij} (B_{112})_j \right\} B_{12} \prod_{k=1}^{3} (1 - B_{2k}) \tag{3-23}$$

式中，A 为现实危险性；$(B_{111})_i$ 为第 i 种物质危险性的评价值；$(B_{112})_j$ 为第 j 种工艺危险性的评价值；W_{ij} 为第 j 种工艺与第 i 种物质危险性的相关系数；B_{12} 为事故严重度评价值；B_{21} 为工艺、设备、容器、建筑抵消因子；B_{22} 为人员素质抵消因子；B_{23} 为安全管理抵消因子。图 3-20 为该评价法的分析流程。

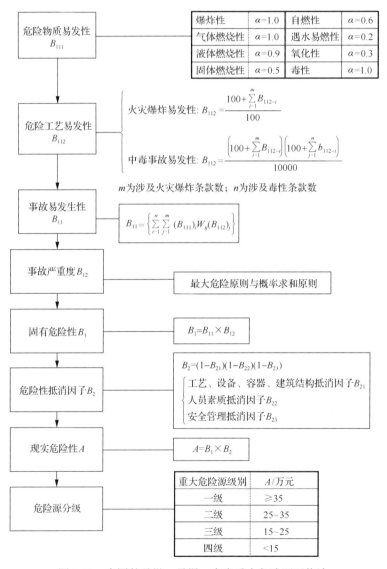

图 3-20　中国的易燃、易爆、有毒重大危险源评价法

十二、系统综合安全评价技术

1. 安全模糊综合评价

模糊综合评价是指对多种模糊因素所影响的事物或现象进行总的评价，又称模糊综合评判。安全模糊综合评价就是应用模糊综合评价方法对系统安全、危害程度等进行定量分析评价。所谓模糊是指边界不清晰，中间函数不分明，既在质上没有确切的含义，在量上也没有明确的界限。根据事故致因理论，大多数事故是由于人的不安全行为与物的不安全状态在相同的时间和空间相遇而发生的，少数事故是由于人员处在不安全环境中而发生的，还有少数事故是由于自身有危险的物质暴露在不安全环境中而发生的。为了说明问题并简便起见，将某系统的安全状况影响因素从大的范围定为人的行为，物的状态和环境状况，故因素集为

U={人的行为(u_1)，物的状态(u_2)，环境状况(u_3)}

评价集定为：V={很好(v_1)，好(v_2)，可以(v_3)，不好(v_4)}

实际评价过程中，人的不安全行为、物的不安全状态及环境不安全状况是由许多因素决定的，必须采用多级模糊综合评价方法来分析。所谓多级模糊综合评价是在模糊综合评价的基础上，再进行综合评价，并且根据具体情况可以多次这样进行下去，二者的评价原理及方法是一致的。多级模糊综合评价分为多因素、多层次两种类型，其基本思想是将众多的因素按其性质分为若干类或若干层次，先对一类(层)中的各个因素进行模糊综合评价，然后在各类之间(由低层到高层)进行综合评价。

2. 安全状况的灰色系统评价

灰色系统理论在系统安全状况评价中得到了应用。应用灰色关联分析法判断安全评价各指标(要素)的权重系数就是典型的应用实例。系统安全管理往往都是在信息不很清楚的情况下开展的，安全评价与决策也都是在部分信息已知，部分信息未知的情况下做出的，可以把系统安全(或系统事故)看作灰色系统，利用建模和关联分析，使灰色系统"白化"，从而对系统安全进行有效的评价、预测和决策。在系统安全中，许多事故的发生都起源于各种偶然因素和不确定因素，事故系统显然是灰色系统。应用灰色预测理论对各种事故发生频次、人员伤亡指标、经济损失等进行预测评价是可行的。

3. 系统危险性分类法

危险与安全是相互对立的概念。导致人员伤害、疾病或死亡，设备或财产损失和破坏，以及环境危害的非计划事件称为意外事件。危险性就是可能导致意外

事件的一种已存在的或潜在的状态。当危险受到某种"激发"时，它将会从潜在的状态转化为引起系统损害的状态。

根据危险可能会对人员、设备及环境造成的伤害，一般将其严重程度划分为 4 个等级。

第一级（1 类）：灾难性的。人为失误、设计误差、设备缺陷等导致系统性能严重降低，进而造成系统损失，或者造成人员死亡或严重伤害。

第二级（2 类）：危险的。人为失误、设计缺陷或设备故障造成人员伤害或严重的设计破坏，需要立即采取措施来控制。

第三级（3 类）：临界的。人为失误、设计缺陷或设备故障使系统性能降低，或设备出现故障，但能控制住严重危险的产生，或者说还没有产生有效的破坏。

第四级（4 类）：安全的。人为失误、设计缺陷、设备故障不会导致人员伤害和设备损坏。

表 3-32 归纳了上述四种危险等级，表中区分了人员伤害和设备损坏（含环境危害），只要根据人员伤害或设备损坏一项内容就可确定危险等级。

表 3-32　危险分级表

分类等级	危险性	人员伤害	设备损坏
1	灾难性的	严重伤害或死亡	系统损坏
2	危险的	暂时性重伤或轻伤	主要系统损坏
3	临界的	轻微的可恢复性的伤害	较少系统损坏
4	安全的	无	无

第五节　风险预报技术方法

一体化作为世界范围内高危行业发展的一种趋势，集成度较高的大型企业发展将会越来越迅速。然而，作为具有高危特点的高危行业，其生产由于工艺条件苛刻、生产装置大型化、连续化的特点，本身存在许多高危系统，需要通过科学、系统的技术和管理手段来加强对这些高危系统的安全风险的预防及预控，以进一步加强企业的安全生产。

基于我们提出的安全风险预警"三预"理论模式，结合我们研究所依据的企业科研项目课题实际需求，以及通过企业高危系统生产实地调研掌握的实际情况，我们将对"三预"理论模式与企业高危系统生产实际结合展开详细论述，即风险预报技术、风险预警技术，以及风险预控技术及方法。

一、风险预报技术概述

依据企业安全风险预报的"3R"原则和"自动＋人工"的方法论，企业安全风险预报实施的执行主体包括企业生产作业现场、企业各级部门单位以及安全风险预警管理信息平台，其中以企业生产作业现场为安全风险预报的主要机构。按照执行主体的不同，企业安全风险预报的方法包括企业生产作业现场安全风险预报、企业各级部门单位安全风险预报以及安全风险预警管理信息平台自动预报。

从安全风险预报的方法来看，企业生产作业现场的风险预报方法主要为现场监控技术自动预报和现场作业人员人工预报；企业各级部门单位的风险预报方法为部门管理人员专业预报；安全风险预警管理信息平台的风险预报方法为信息管理系统自动预报。

1. 企业生产作业现场安全风险预报

企业生产作业现场安全风险预报的方式主要有现场监控技术自动预报和现场作业人员人工预报两种方式：

1) 现场监控技术自动预报

现场监控技术自动预报主要是生产作业现场车间的自动控制系统，进行生产数据的实时监控，包括生产现场 PCS 层的 DCS、PLC、FCS 或 SCADA 系统。企业生产风险预警管理信息系统平台通过共享生产执行层 MES 的实时数据，进行生产作业现场生产实时数据的自动风险报警。

2) 现场作业人员人工预报

现场作业人员人工预报是安全风险人工预报的主要部分，主要指高危系统生产作业现场车间的操作人员按照安全风险预报角色，通过企业安全风险预警管理信息平台进行相应职能的安全风险预报。按照风险预报角色的不同，现场作业人员人工预报主要包括以下方式。

(1) 主预报员：企业生产作业现场车间的各岗位主操(或者称为主岗)。在企业实际生产中，主操/主岗主要在车间控制室内进行键盘操作，在安全风险预报过程中，各岗位主操/主岗作为主预报员角色，按照相应的安全风险预报实施办法，在车间控制室内通过计算机终端直接登录访问企业办公网的安全风险预警管理信息平台，进行安全风险实时预报工作。

(2) 副预报员：企业生产作业现场车间的各岗位副操(或者称为副岗)，以及车间工艺技术员、设备技术员和安全技术员。在企业实际生产中，副操/副岗主要在装置现场进行各种实地作业操作；工艺技术员、设备技术员和安全技术员分别对车间的工艺流程、设施设备以及安全进行综合管理。在安全风险预报过程中，各岗位副操/副岗，以及车间工艺技术员、设备技术员和安全技术员作为副预报员角色，按照相应的安全风险预报实施办法，通过告知、协作等方式辅助主操/主岗进行安全风险实时预报工作。

(3)预报监管员：企业生产作业现场车间的设备副主任、工艺副主任、综合员以及车间班长。在企业实际生产中，车间设备副主任和工艺副主任主要对车间的设施设备和工艺流程的安全状况进行监督管理；车间综合员全面负责综合管理员岗位的各项工作；车间班长全面负责本班组的安全生产；在安全风险预报过程中，车间的设备副主任、工艺副主任、综合员以及班长作为预报监管员角色，按照相应的安全风险预报实施办法，在生产车间或装置现场，或通过安全风险预警管理信息平台，监督管理生产作业现场车间的安全风险实时预报工作。

2. 企业各部门安全风险预报

企业各部门安全风险预报主要是企业各职能部门(如生产运行处、机动设备处、科技信息处等)的风险预报人员。在企业实际生产中，企业各职能部门主要对各生产装置车间进行各种辅助支持。在安全风险预报过程中，企业各职能部门作为协同预警预控管理员角色，同样具有一定的风险预报职能，按照相应的安全风险预报实施办法，通过计算机终端直接登录访问企业办公网的安全风险预警管理信息平台，对各类风险因素状态、安全指令、风险预控效果、风险状态趋势等进行人工的专业安全风险预报。

3. 风险预警信息平台系统自动预报

由企业安全风险预警管理信息系统平台通过后台程序设定来完成的系统自动安全风险状态趋势预报。主要针对系统设定的定期风险因素，以及系统一定运行周期的风险状态趋势进行自动分析预报。在搭建企业安全风险预警管理信息系统平台运行环境时，通常其服务器置于企业安全环保部门或企业信息中心，在实际实施运行企业安全风险预警管理信息系统平台时，由这两个部门共同完成对系统的管理维护和升级工作。

二、风险预报的岗位及职能结构

针对上述高危系统安全风险预报的方法和技术，结合企业安全生产管理的实际情况和需求，我们提出高危系统安全风险预报各部门岗位及职能结构，如表3-33所示。

表 3-33　高危系统风险预报部门岗位及职能

预报职能机构	风险预报方式	预报角色	企业实际部门	企业实际岗位	预报职能	预报操作
企业生产作业现场	现场监控技术自动预报	技术系统	车间	车间自动控制系统	自动预报	数据共享预报
	现场作业人员人工预报	主预报员		主操/主岗	预报操作	登录预报
		副预报员		副操/副岗、工艺技术员、设备技术员、安全技术员	辅助预报	预报辅助登录查看
		预报监管员		设备/工艺副主任、综合员、班长	预报监管	预报监管登录查看
企业各级部门单位	部门管理人员专业预报	协同管理员	生产运行处机动设备处科技信息处	生产运行处、机动设备处、科技信息处等风险预报人员	协同安全风险预报及管理	安全风险预报及管理
		统筹决策综合管理员	领导部门	企业领导	宏观综合管理	状况查看指令发布
安全风险预警平台	信息管理系统自动预报	系统自身	信息中心	企业信息中心安全风险预警平台服务器	自动预报	系统后台程序自动预报

三、风险预报的模式及流程

依据企业安全风险预报实施的"3R"原则和"自动＋人工"的方法论，按照上述高危系统安全风险预报各部门岗位及职能结构，并结合企业安全生产管理的实际情况和需求，我们提出高危系统安全风险预报实施流程(图 3-21)。按照安全风险预报的类型，安全风险预报可包括如下方式。

1)技术自动型预报

(1)现场监控技术自动预报：由企业生产作业现场的自动监测及监控装置设施(PCS、MES)来完成对风险因素的自动预报；主要应用于设施设备(点)和工艺流程(线)的风险预报；其功能作用主要为对生产装置关键部位、关键点，以及重要工艺流程参数的风险因素自动预报。

(2)安全风险预警管理信息平台自动预报：由企业安全风险预警管理信息系统平台来完成对工作票以及作业预审报情况等的自动风险预报；主要应用于设施设备(点)、工艺流程(线)和作业岗位(面)的风险预报；其功能作用主要为根据系统设定的作业风险因素管理信息，对某些固定格式或程序的工作票(作业票)以及作业预审报信息等进行分析及自动风险预报。

2)管理人工型预报

(1)现场作业人员人工预报：由企业生产作业现场的各操作人员以及相关管理人员来完成对风险因素的人工预报；主要应用于设施设备(点)、工艺流程(线)和作业岗位(面)的风险预报；其功能作用主要为对各装置系统、各类管理对象所有风险因素的人工预报。

(2)企业各级部门单位风险预报：由企业各职能部门(生产运行处、机动设备处、科技信息处等)依托企业安全风险预警管理信息平台对各类风险因素状态、安全指令、风险预控效果、风险状态趋势等进行人工的专业预报；主要应用于设施设备(点)、工艺流程(线)和作业岗位(面)的风险预报；其功能作用主要为各级部门单位根据企业安全生产的各种实际需求进行风险专业预报。

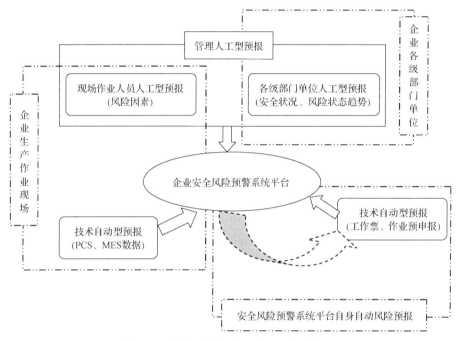

图 3-21　高危系统安全风险预报实施流程

第六节　风险预警技术方法

一、风险预警技术概述

依据企业安全风险预警的"多元"原则和"实时＋周期＋随机"的方法论，企业安全风险预警实施的执行主体包括企业生产作业现场、企业安全专业部门、企业各级部门单位以及安全风险预警管理信息平台，其中以企业安全专业部门为安全风险预警的主要机构。按照执行主体的不同，企业安全风险预警的方法包括企业生产作业现场安全风险预警、企业各级部门单位安全风险预警、企业安全专业部门安全风险预警以及安全风险预警管理信息平台系统自动预警。

从安全风险预警的方法来看，企业生产作业现场的风险预警方法主要为生产数据监控预警；企业各级部门单位的风险预警方法主要为历史数据统计分析－状态趋势专项预警和预警要素专项预警(安全专业部门也具有此类预警职能);企业安全专业部门的风险预警方法包括环境异常状态预警、隐患项目状态预警、关键工序作业预警、风险因素状态预警、风险类型-频率预警、风险级别-频率预警、责任/关注分析预警、风险部位分析预警、预警级别分析预警、管理对象分析预警以及风险属性分析预警;企业安全风险预警管理信息平台的风险预警方法主要为系统自动提示预警。

1. 企业生产作业现场安全风险预警

企业生产作业现场的安全风险预警主要利用装置车间现场PCS各种系统的生产实时监控数据技术进行自动风险预警。在安全风险预警体系实施运行过程中，生产作业现场车间的自动控制系统(DCS、PLC、FCS 或 SCADA 系统等)实时监控生产数据直接(或者通过企业生产执行层 MES 后)传输给安全风险预警管理信息平台的动态数据库，通过安全风险预警管理信息平台后台的风险评价模型及算法，自动以各种预警等级的形式呈现出来，直接输出各种预警信息，完成企业生产作业现场生产实时监控数据的自动风险预警。

2. 企业各级部门安全风险预警

企业各级部门包括企业领导部门和各职能部门,在企业安全风险预警体系中,企业领导部门作为统筹决策综合管理员的角色,主要具有状态查看和安全指令发布的职能;而具有较直接明确预警职能的是作为协同管理员角色的企业各职能部门,其本身具有安全风险预报、预警及预控的职能,以及相应的协同"三预"管理职能。从风险预警的方法来看,企业各职能部门风险预警的方法主要包括以下方面:

1)历史数据统计分析-状态趋势专项预警

企业各职能部门(生产运行处、机动设备处、科技信息处等)的安全风险预警相关人员,通过安全风险预警管理信息平台操作,选取一定周期、特定对象的安全风险预报、预警及预控历史记录情况进行统计分析,由安全风险预警管理信息平台的相应模型及算法自动分析出企业一定周期的安全风险状态及趋势状况,完成相应的安全风险状态及趋势的管理自动型预警。

2)预警要素专项预警

企业各职能部门(生产运行处、机动设备处、科技信息处等)的安全风险预警相关人员,通过安全风险预警管理信息平台操作,针对特定对象的若干预警要素(如定期检验、定期检修、限期整改等),由安全风险预警管理信息平台的设定程序自动完成相应的安全风险预警要素的管理自动型预警。

3. 安全专业部门安全风险预警

企业安全专业部门包括企业安全机构以及企业生产二级单位的安全机构，作为企业安全风险预警体系风险预警的主要部门，承担着对所有管理型风险预警信息进行发布的职责。从风险预警的方法来看，企业安全专业部门除了同样具有上述各级部门单位的历史数据统计分析-状态趋势专项预警和预警要素专项预警的职能外，还包括环境异常状态预警、隐患项目状态预警、关键工序作业预警、风险因素状态预警、风险类型-频率预警、风险级别-频率预警、责任/关注分析预警、风险部位分析预警、预警级别分析预警、管理对象分析预警以及风险属性分析预警等风险预警方法。在企业实施运行安全风险预警的过程中，按照风险预警角色的不同，企业安全专业部门人员管理型风险预警主要包括以下方式：

1) 主预警员

企业安全环保处安全科长和分厂安全环保处安全员。在企业实际生产中，企业安全环保处安全科长主要负责企业各项安全生产工作；分厂安全环保处安全员主要负责该二级单位及下属所有车间的各项安全生产工作。在企业安全风险预警过程中，企业安全环保处安全科长和分厂安全环保处安全员作为主预警员角色，按照相应的安全风险预警实施办法，通过计算机终端直接登录访问企业办公网的安全风险预警管理信息平台，进行安全风险适时预警工作。

2) 预警监管员

企业安全环保处安全副处长和分厂安全环保处安全副总监。在企业实际生产中，企业安全环保处安全副处长主要负责监督管理企业安全环保部门工作及企业各项安全生产工作；分厂安全环保处安全副总监主要负责监督管理该二级单位及下属所有车间的各项安全生产工作。在企业安全风险预警过程中，企业安全环保处安全副处长和分厂安全环保处安全副总监作为预警监管员角色，按照相应的安全风险预警实施办法，在主预警员操作现场或通过安全风险预警管理信息平台，对主预警员的安全风险适时预警工作进行监督管理。

4. 风险预警信息平台系统自动预警

企业安全风险预警管理信息系统平台自动预警主要为将各种状态信息、安全指令等按照信息或指令所包含的预警责任部门及关注部门的信息，发布给相应的企业各级部门，主要针对各种短周期/实时的风险因素及状态信息或安全指令等，进行系统自动提示的技术自动型安全风险预警。

二、风险预警的岗位及职能结构

针对上述高危系统安全风险预警的方法和技术，结合企业安全生产管理的实际情况和需求，我们提出高危系统安全风险预警各部门岗位及职能结构(表3-34)。

表 3-34　高危系统安全风险预警各部门岗位及职能

预警职能机构	风险预警方式	预警角色	企业实际部门	企业实际岗位	预警职能	预警操作
企业生产作业现场	生产数据监控预警	技术系统	车间	车间 PCS 自动监控系统	数据监控预警	共享数据预警
企业安全专业部门	环境异常状态预警；隐患项目状态预警；关键工序作业预警；风险因素状态预警；风险类型-频率预警；风险级别-频率预警；责任/关注分析预警；风险部位分析预警；预警级别分析预警；管理对象分析预警；风险属性分析预警	主预警员	企业安全环保处、分厂安全环保处	企业安全环保处安全科长、分厂安全环保处安全员	预警操作	登录预警、预警查看
		预警监管员		企业安全环保处安全副处长、分厂安全环保处安全副总监	预警监管	预警监管、登录查看
企业各级部门单位	历史数据统计分析-状态趋势专项预警；预警要素专项预警；（企业安全专业部门也具有上述两项预警职能）	协同管理员	生产运行处、机动设备处、科技信息处等	生产运行处、机动设备处、科技信息处等风险预警人员	协同安全风险预警及管理	安全风险预警及管理
		统筹决策综合管理员	企业领导部门	企业领导	宏观综合管理	状况查看、指令发布
安全风险预警平台	系统自动提示预警	系统自身	企业信息中心	企业信息中心安全风险预警平台服务器	系统自身预警	系统后台程序自动预警

三、风险预警的模式及流程

依据企业安全风险预警实施的"多元"原则和"实时＋周期＋随机"的方法论，按照上述高危系统安全风险预警各部门岗位及职能结构，并结合企业安全生产管理的实际情况和需求，我们提出高危系统安全风险预警实施流程(图 3-22)。按照安全风险预警的类型，安全风险预警可包括如下方式：

1）技术自动型预警

技术自动型预警主要包括企业生产作业现场车间技术自动型预警、安全风险预警系统平台技术自动风险预警。

2）管理自动型预警

管理自动型预警主要包括以下方面：

(1)企业各级部门单位管理自动型预警，包括历史数据统计分析-状态趋势专项预警和预警要素专项预警。

(2)企业安全环保处/分厂安全环保处管理自动型预警，包括关键工序作业预警、风险因素状态预警、风险类型-频率预警、风险级别-频率预警、历史数据统计分析-状态趋势专项预警和预警要素专项预警。

3）管理人工型预警

管理人工型预警主要为企业安全环保处/分厂安全环保处管理人工型预警，包括环境异常状态预警、隐患项目状态预警、责任/关注分析预警、风险部位分析预警、预警级别分析预警、管理对象分析预警和风险属性分析预警。

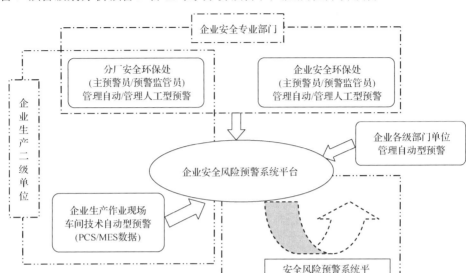

图 3-22　高危系统安全风险预警实施流程

四、风险预警数据的获取技术

风险预警数据的获取技术已经发展了五代。

第一代技术：基于事故案例数据分析的技术方法，即通过对历史事故案例报告或数据库，统计分析获得风险信息(事故类型、事故原因、发生方式、时间空间特性等信息)，进行预测预警，为预防事故提供风险分析结论，指导安全管理工作。第一代风险预警技术是传统的人工数据分析式风险预警技术。

第二代技术：基于事件(危机)数据的风险预警技术方法，即通过对事件、隐患的报告信息，进行数据分析，从而预警风险，管控风险，提高事故预防和安全保障能力。第二代预警技术也属于传统的人工数据方式的风险预警技术。

第三代技术：基于管理过程数据信息的风险预警技术方法，借助安全检查、安全审核、安全评价、安全检验等安全管理过程的数据，进行安全分析获知风险因素和风险状况或程度，进行风险预警管控。第三代风险预警技术可采用"人工+管理自动数据(检验周期)"的方式进行风险预警。

第四代技术：基于危险(危害)信息监控状态数据的预警技术方法，即利用传感技术、物联网技术等现代信息技术，对人因、物因、环境因素的状态参数进行监测预警，实施动态、实时的风险预警和监控。

第五代技术：基于人工智能、大数据、物联网、云平台、移动互联网技术等，实现全领域、全时空、全要素的风险预警技术方法。这种最前沿的风险预警信息技术还在不断的探索过程中，特别是对人的因素和管理的风险预警，以及人-机-环的组合系统风险的预警管控还处于初级发展阶段。

第七节　风险预控技术方法

一、风险预控技术概述

依据企业安全风险预控的"匹配"原则和"技术＋管理"的方法论，企业安全风险预控实施的执行主体包括企业生产作业现场、企业安全专业部门和企业各级部门，其中以企业各级单位为安全风险预控的主要机构。按照执行主体的不同，企业安全风险预控的方法包括企业生产作业现场安全风险预控、企业安全专业部门安全风险预控和企业各级部门安全风险预控。

从安全风险预控的方法来看，企业生产作业现场的风险预控方法主要为系统自动调节预控、安全及冗余预控以及作业过程预控；企业安全专业部门的风险预控方法主要为定期/随机检查预控和作业预审报预控；企业各级部门的风险预控方法主要为风险动态分级预控和隐患项目预控。

1. 企业生产作业现场安全风险预控

企业生产作业现场是企业安全风险预警体系风险预控措施的执行现场，是接收风险预控信息的主要机构。从风险预控的方法来看，企业生产作业现场主要具有系统自动调节预控、安全及冗余预控和作业过程预控等风险预控方法。在企业实施安全风险预控的过程中，按照风险预控角色的不同，企业生产作业现场风险预控主要包括以下方式：

1）技术系统

系统自动调节预控，由企业生产作业现场的技术自动监控系统进行生产工艺运行状态风险的自动预控；主要应用于生产作业现场 PCS 生产自动控制；其功能作用主要为对生产工艺数据的自动监测，对超过警戒阈值的状态参数进行实时自动调节预控。

2）装置系统

安全及冗余预控，由企业生产作业现场的装置安全设施或冗余设计系统进行装置设备、生产工艺运行状态或操作岗位风险的自动预控；主要应用于生产作业现场安全装置或冗余设计系统的生产自动控制；其功能作用主要为通过对装置设备、生产工艺运行状态或操作岗位风险的及时预控，起到自动保护的作用。

3）主预控员

主预控员为车间主操/主岗、副操/副岗或安全技术员，在安全风险预控过程中承担直接操作执行现场作业过程风险预控的职能。对各项常规及特殊作业要求，按照操作规程或作业规定进行直接作业操作，同时接受副预控员的监督和管理。

4）副预控员

副预控员为车间工艺/设备副主任、班长、工艺技术员或设备技术员，在安全风险预控过程中承担预控辅助和协同主预控员进行现场作业过程风险预控的职能。车间工艺/设备副主任、班长、工艺技术员或设备技术员通过安全风险预警管理信息平台或通过现场方式，按照操作规程或作业规定，对生产作业现场车间主操/主岗、副操/副岗或安全技术员的各项常规及特殊作业过程进行实时监管预控，起到量化操作、步步确认的预控作用。

2. 企业安全专业部门安全风险预控

企业安全专业部门包括企业安全机构以及企业生产二级单位的安全机构，作为企业安全风险预警体系风险预控的主要监督部门，承担着预控监督员的角色，具有监督管理企业所有安全风险预控执行状况的职能。从风险预控的方法来看，企业安全专业部门的风险预控方式主要包括定期/随机检查预控和作业预申报预控。

1）定期/随机检查预控

企业安全环保处安全科长和分厂安全环保处安全员通过安全风险预警管理信息平台或现场方式对生产作业现场的安全生产各项工作进行定期或随机的监督检查型预控；主要应用于企业安全专业部门的常规或专项安全检查工作；其功能作用主要为通过对生产作业现场风险因素状态或安全风险预警实施状况进行监督检查，起到及时预控的作用。

2）作业预审报预控

企业安全环保处安全科长和分厂安全环保处安全员利用安全风险预警管理信息平台的自动统计预警功能，对生产作业现场的关键工序作业预审报情况进行及时预控；主要应用于企业安全专业部门对企业日常关键工序作业的常规预控；其功能作用主要为通过对生产作业现场待执行的关键工序作业情况的掌握，提前采取措施，有效预控作业风险的作用。

3. 企业各级部门安全风险预控

企业各级部门包括企业领导部门以及企业各职能部门（生产运行处、机动设备处、科技信息处等），作为企业安全风险预警体系风险预控的主要部门，承担着对所有的安全风险发布相应的预控指令和协同监督管理安全风险预控的职责。在企业实施运行安全风险预警的过程中，企业各级部门单位的风险预控角色主要为企业领导部门作为统筹决策综合管理员，具有风险预控状况查看以及预控指令发布的职能；而具有较直接明确预控职能的是作为协同管理员的企业各职能部门，其本身具有安全风险预报、预警及预控的职能，以及相应的协同"三预"管理职能。从风险预控的方法来看，企业各职能部门风险预控的方法主要包括风险动态分级预控和隐患项目预控。

1）风险动态分级预控

风险动态分级预控由企业各职能部门（生产运行处、机动设备处、科技信息处等）的安全风险预控人员根据安全专业部门通过安全风险预警管理信息平台发布的预警信息，按照评定的预警警级和既定预控职责，采取与自身预警职能相应的动态分级风险预控措施；主要应用于企业各职能部门针对风险因素的动态分级预控；其功能作用主要为根据风险因素的预警级别和职责归属，构建各司其职，各尽其责的分级分层立体风险预控体系。

2）隐患项目预控

隐患项目预控由企业各职能部门（生产运行处、机动设备处、科技信息处等）的安全风险预控人员通过安全风险预警管理信息平台发布的由生产作业现场预报的设施设备隐患项目预警信息，按照评定的预警警级和既定预控职责，采取与自身预警职能相应的风险预控措施；主要应用于企业各职能部门针对隐患项目状态按照职责归属采取分级预控；其功能作用主要为根据隐患项目状态和预控职责归属，由各级部门单位及时采取预控措施。

二、风险预控的岗位及职能结构

针对上述高危系统安全风险预控的方法和技术，结合企业安全生产管理的实际情况和需求，我们提出高危系统安全风险预控的各部门岗位及职能结构（表3-35）。

表3-35 高危系统安全风险预控各部门岗位及职能

预报职能机构	风险预控方式	预控角色	企业实际部门	企业实际岗位	预警职能	预控操作
企业生产作业现场	系统自动调节预控	技术系统	车间	车间自动调节系统	生产自动预控	自动调节装置作用
	安全及冗余预控	装置设施		车间装置安全设计、安全设施及设备	装置自动预控	安全及冗余装置作用
	现场作业过程预控	主预控员		主操/主岗、副操/副岗、安全技术员	预控执行	预控操作
		副预控员		工艺/设备副主任、班长、工艺技术员、设备技术员	辅助预控	预控辅助协同预控
企业安全专业部门	定期/随机检查预控、作业预申报预控	预控监督员	企业安全环保处、分厂安全环保处	企业安全环保处安全科长、分厂安全环保处安全员	预控监督	监督管理风险预控执行状况
企业各级部门单位	风险动态分级预控、隐患项目预控	协同管理员	生产运行处、机动设备处、科技信息处等	生产运行处、机动设备处、科技信息处等风险预控人员	协同安全风险预控及管理	安全风险预控及管理
		统筹决策综合管理员	企业领导部门	企业领导部门	宏观综合管理	状况查看指令发布

三、风险预控模式及流程

依据企业安全风险预控实施的"匹配"原则和"技术＋管理"的方法论，按照上述高危系统安全风险预控各部门岗位及职能结构，并结合企业安全生产管理的实际情况和需求，我们提出高危系统安全风险预控的实施流程(图 3-23)。按照安全风险预控的类型，安全风险预控可包括如下方式：

1)技术自动型预控

技术自动型预控包括企业生产作业现场的系统自动调节预控和安全及冗余预控。

2)管理自动型预控

管理自动型预控主要包括：①企业安全专业部门，进行作业预审报预控；②企业各级部门单位，进行风险动态分级预控和隐患项目预控。

3)管理人工型预控

管理人工型预控主要包括：①车间作业现场，进行车间作业过程预控；②企业安全专业部门，进行定期/随机检查预控。

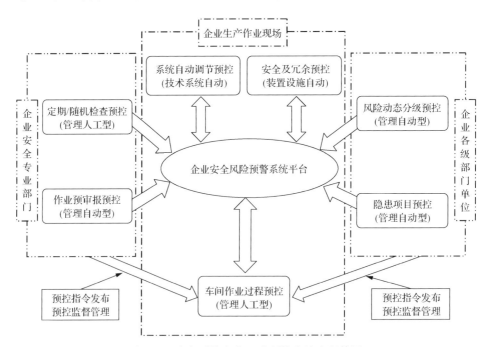

图 3-23　高危系统安全风险预控实施流程简图

第八节　基于大数据的风险预警方法

一、文本挖掘技术方法

安全生产检查日志、标准化评审报告、设备设施检验记录等大多以 Word、PDF、Excel 等文本形式存储，只能依靠人工读取和分析，不仅效率低下，而且分析质量受制于分析人员的专业水平。运用文本挖掘技术，可有效解决这个问题。如图 3-24 所示，可以通过文本挖掘技术实现辨识风险因素的目的。

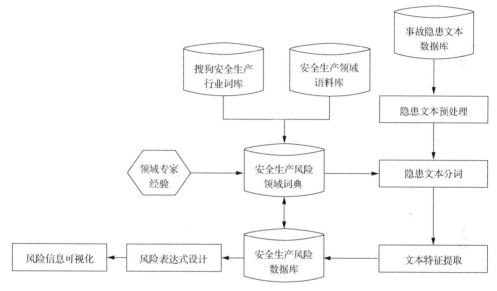

图 3-24　通过文本挖掘技术实现辨识风险因素

（1）构建安全风险词典。总结安全生产领域的专业术语、语料库和专家经验，构建安全生产风险领域词典。

（2）提取事故隐患文本特征。通过隐患文本预处理、隐患文本分词和文本特征提取等环节，将事故隐患文本中具有特殊意义的设备设施、工艺参数、人员岗位、危害因素等有价值信息提取出来，并经过词汇语义归一化处理存储到安全生产风险数据库中，以待风险评价预警信息挖掘。

（3）表达风险基本信息。以知识图谱形式可视化输出风险信息，如图 3-25 所示，圈越大、弦越多表示该风险因素越突出。

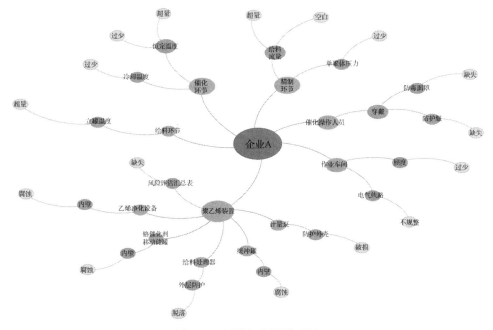

图 3-25　风险知识图谱示例

二、数据挖掘技术

运用数据挖掘技术获取数据共现模式概率和强关联关系，就可以将风险因素与风险水平进行关联，从而实现风险评价目的。设某企业一次安全检查活动得到 n 条事故隐患，应用基于文本挖掘的风险识别方法，将文本数据转化为结构化风险基本信息，用 $I=\{r_1,r_2,\cdots,r_n\}$ 表示，其中风险 $r_i=\{e_1,e_2,\cdots,e_x,a_1,a_2,\cdots,a_y,d_1,d_2,\cdots,d_z\}$，$i=1,2,\cdots,n$，$e$、$a$、$d$ 分别表示风险实体、属性和属性偏差。若将 r_i 看作一个具有风险实体、属性和属性偏差三类数据的集合的标识符，那么 $r_1,r_2,\cdots,r_n$ 就形成了 n 个具有水平数据格式的集合。例如，通过数据挖掘分析，得到如下关系式：

$$\text{Confidence}(e_x,a_y \Rightarrow d_z)=0.9 \tag{3-24}$$

其描述风险实体 e_x 的属性 a_y 发生问题 d_z 的概率是 0.9，即出现该隐患风险变大的概率为 0.9。据此给安全管理提供了依据。

第四章　区域安全风险管控

2016 年 12 月，《中共中央国务院关于推进安全生产领域改革发展的意见》提出，企业要定期开展风险评估和危害辨识；建立分级管控制度；建立健全隐患排查治理制度；实行自查自改自报闭环管理。2016 年 4 月，国务院安全生产委员会办公室先后印发《标本兼治遏制重特大事故工作指南》的通知、《实施遏制重特大事故工作指南构建双重预防机制的意见》，更是要求政府坚持风险预控、关口前移，全面推行安全风险分级管控，强化隐患排查治理。

为此，各级政府需要准确把握安全生产的特点和规律，实施"隐患查治、风险预控"的预防机制，实现安全生产的源头治理、关口前移和标本兼治的策略，全面推行安全风险分级管控，进一步强化地区和行业综合风险评估和分级管控，推进安全生产工作的科学化、标准化、信息化，落实安全生产政府层面的区域安全风险管控，推行基于风险的政府安全监管模式和体系，从而提高各级政府安全科学监管能力和预防事故的水平。

第一节　区域安全生产综合风险管控

一、区域安全生产综合风险概念

区域分为行政区域和功能区域。行政区域分为省级行政区、县级行政区、乡级行政区三个级别，省级行政区分为县级行政区、市级行政区，县级行政区分为乡级行政区、镇级行政区。功能区域包括居民生活区、商业区、经济技术开发区、工业园区、港区以及其他功能区的空间。

区域安全风险指的是某一行政区域(或功能区域)范围内各类生产经营单位发生特定危险情况的可能性、严重性和敏感性的综合表现。

区域安全风险分析及评价主要是为政府及其管理部门在城市或地区发展规划、治理，以及区域安全方面提供安全监管服务。

二、区域安全风险评价指标体系

1. 指标测算方法

指标测算通常有两种方法，一种为确认赋分型，另一种为排序分区取值型。确认赋分型指标通过德尔菲法确定赋分标准，如事故频率，每发生 1 起较大事故加 10 分，每发生 1 起一般事故加 5 分。排序分区取值型指标需要通过对收集的数据进行排序分区，按照不同区域进行赋值，可基于帕累托法则，对指标取值进行合理分区取值。区域风险指标赋值方法的具体实现过程为将各区域单一指标的实际数据按照从高到低进行排序，将取值范围平均分为四个区间，前25%为一区，25%~50%为二区，50%~75%为三区，后25%为四区。不同权重指标各区得分（D_i）不同，详细内容如表4-1所示。

表 4-1　区域风险指标赋值方法

参数	指标分区			
	一区	二区	三区	四区
指标值分布	前 25%	25%~50%	50%~75%	后 25%
重要指标分值 D_i	10	5	2	1
中等指标分值 D_i	5	3	2	1
一般指标分值 D_i	3	2	1	0

2. 区域综合风险评价指标体系

根据风险的定义，从风险发生的可能性 P、严重性 L、敏感性 S 三个维度，设计和建立区域安全生产综合风险评价指标体系，指标选取遵循 SMART 原则，指标体系见表4-2。

表 4-2　区域安全生产综合风险评价指标体系

编号	一级指标	二级指标	三级指标	定义描述	测算方法	指标分级取值方法	权重分值
D_1	事故可能性 P	区域基本情况	人口密度	平均每平方公里人口数，人/km²	统计	排序分区取值方法	中等
D_2			高危行业企业总数	区域内属于高危行业的企业数量	统计	排序分区取值方法	中等
D_3			高危行业从业人数占比	高危行业从业人数占区域总从业人数的比例，%	统计	排序分区取值方法	重要
D_4			高危行业产值占比	高危行业产值占区域总产值比例，%	统计	排序分区取值方法	一般
D_5			高危行业利税占比	高危行业利税占区域总利税比例，%	统计	排序分区取值方法	一般
D_6		区域固有风险源程度	一级风险行业数量	区域内评定为一级风险的行业数量	统计	排序分区取值方法	重要
D_7			重大危险源数量	区域内企业重大危险源总数	统计	排序分区取值方法	重要
D_8			重大风险源点(一级)数量	区域内企业一级风险源点数量	统计	排序分区取值方法	重要
D_9			市级及以上挂牌督办重大隐患数量	上年度区域内市级及以上挂牌督办的重大隐患总数	统计	排序分区取值方法	重要

编号	一级指标	二级指标	三级指标	定义描述	测算方法	指标分级取值方法	权重分值
D_{10}			工矿商贸较大事故频率	上年度区域内发生的工矿商贸较大事故总数	统计	排序分区取值方法	重要
D_{11}			工矿商贸一般事故频率	上年度区域内发生的工矿商贸一般事故总数	统计	排序分区取值方法	中等
D_{12}	事故后果严重性 L	事故及损失	安全生产周期	距今连续多少天安全生产无事故，天	统计	距今连续 30 天安全生产无事故：10 距今连续 60 天安全生产无事故：5 距今连续 90 天安全生产无事故：2 距今连续 180 天安全生产无事故：1	重要
D_{13}			工矿商贸十万人死亡率	按照上年度测算，人/10 万人	统计	排序分区取值方法	重要
D_{14}			亿元 GDP 死亡率	按照上年度测算，人/亿元	统计	排序分区取值方法	中等
D_{15}			亿元 GDP 伤害频率	上年度区域内平均创造一亿元 GDP 因工伤事故造成的轻伤和重伤人数，人/亿元	统计	排序分区取值方法	中等
D_{16}			道路交通万车死亡率	按照上年度测算，人/万车	统计	排序分区取值方法	重要
D_{17}			特种设备死亡率	按照上年度测算，人/万台（套）	统计	排序分区取值方法	中等
D_{18}			亿元 GDP 经济损失率	上年度区域内平均创造一亿元 GDP 伴随的事故经济损失，万元/亿元	统计	排序分区取值方法	一般
D_{19}		应急管理能力	应急物资储备	上年度区域内应急储备物资总值，万元	统计	排序分区取值方法	中等
D_{20}	事故敏感性 S	区域区位敏感性	区域城市功能区位	评价区域的功能敏感性	确认	一区：10 二区：5 三区：2 注： 一区：国家级开发区、危化园区、核电工业园 二区：省级开发区、旅游景区、工业园区 三区：除上述外的一般地区	重要
D_{21}			区域地理区位	评价区域的地理敏感性	确认	城市中心区：10 城乡接合部：5 郊区：2	重要

续表

编号	一级指标	二级指标	三级指标	定义描述	测算方法	指标分级取值方法	权重分值
D22	事故敏感性 S	区域区位敏感性	区域重点保护项	评价区域的文物敏感性	确认	一区：3 二区：2 三区：1 注： 一区：国家级重点文物保护项目 二区：省级重点文物保护项目 三区：除上述外的一般地区	一般
D23			区域环境区位	评价区域的环境敏感性	确认	一区：5 二区：3 三区：2 注： 一区：水源地保护区 二区：重点应急水源地 三区：除上述外的一般地区	中等
D24		重大生命线项目与工程	在建工程项目数	区域内正在建设的工程项目总数	统计	排序分区取值方法	重要
D25			高速公路里程数	区域内国家级和省级高速公路总里程数，km	统计	排序分区取值方法	中等
直接定级指标(满足右侧条件其一即为一级风险区域)			地市级： (1)连续两年发生重大及以上安全事故的区域； (2)连续两年敏感时期发生较大以上事故的区域； (3)连续两年发生安全生产事故造成严重环境污染的区域				
			区县级： (1)上年度发生重大及以上安全事故的区域； (2)上年度敏感时期发生较大以上事故的区域； (3)上年度发生安全生产事故造成严重环境污染的区域				

三、区域安全风险分级方法

1. 区域综合风险分级评价模型

依据风险分级评价原理，根据评价区域各项指标的实际情况，确定各项指标的得分，将各项指标的得分相加，得到该区域的风险值。风险计算模型如下所示：

$$R = \sum_{i=1}^{n} D_i + \sum_{j=1}^{m} D_j + \sum_{k=1}^{e} D_k \tag{4-1}$$

式中，R 为风险值；D_i，D_j，D_k 分别为第 i，j，k 个指标的现实得分；n，m，e 分别为事故可能性、后果严重性、事故敏感性指标个数。

2. 区域综合风险分级标准

根据风险分级模型计算出每个区域的风险值，将各区域按照风险值从高到低进行排序，排名位于前 20% 的区域为一级风险区域，排名位于 20%～50% 的区域为二级风险区域，排名位于 50%～80% 的区域为三级风险区域，排名位于后 20% 的区域为四级风险区域，遵循"帕累托"法则。

四、区域安全风险监管策略

政府部门应按照"谁主管，谁负责"和属地管理的原则，根据安全生产风险分级评定的结果，分别对区域分级监管，通过风险预控措施，做到风险及时预控。

1. 一级风险区域预控措施

针对一级风险区域，建议属地安全生产委员会办公室对属地内一级风险行业和下辖一级风险区域开展安全检查的频次原则上每月不少于 1 次，并建立台账；对属地内二级风险行业和下辖二级风险区域开展安全检查的频次原则上每季度不少于 2 次，并建立台账。

2. 二级风险区域预控措施

针对二级风险区域，建议属地安全生产委员会办公室对属地内一级风险行业和下辖一级风险区域开展安全检查的频次原则上每季度不少于 2 次，并建立台账；对属地内二级风险行业和下辖二级风险区域开展安全检查的频次原则上每半年不少于 1 次，并建立台账。

3. 三级风险区域预控措施

针对三级风险区域，建议属地安全生产委员会办公室对属地内一级风险行业和下辖一级风险区域开展安全检查的频次原则上每半年不少于 1 次，并建立台账；对属地内二级风险行业和下辖二级风险区域开展安全检查的频次原则上每年不少于 1 次，并建立台账。

4. 四级风险区域预控措施

针对四级风险区域，建议属地安全生产委员会办公室对属地内一级风险行业和下辖一级风险区域开展安全检查的频次原则上每年不少于 1 次，并建立台账。

5. 综合预控措施

1) 诚信体系

(1) 把企业的风险控制效果作为影响企业诚信体系等级的一项因素，加强分级分类动态管理。对于没有采取措施控制风险的企业纳入安全生产诚信"黑名单"。

(2)对纳入安全生产不良信用记录和"黑名单"的企业，根据具体情况，下调或取消安全生产诚信等级，并及时向社会发布。合理调整监管力度，以"黑名单"为重点，加强重点执法检查。

2)行业管控

各行业主(监)管部门根据所辖范围内生产经营单位的风险等级情况和特点，调动各方力量，整合相应资源，开发设计适合于本行业的风险管理方法和技术，可以无偿或通过市场行为提供给生产经营单位，做好宣贯、推广、普及、指导和辅导工作，保证落实到位。

3)培训管控

安全生产监管部门、各行业主(监)管部门、县(市、区)、乡(镇、街道)、经济功能区等区域主管部门，全面研究分析风险原因与生产经营单位人员安全素质和能力的相关程度，确定需要增加的外部安全生产培训服务，组织开展各层级、各专业领域和各种形式的安全生产培训工作，以政府策划、中介组织和市场运作的方法，进行多种类、多内容、多频次的安全生产培训，提高生产经营单位安全生产管理水平和风险预控意识及能力。

4)应急管控

安全生产监管部门、各行业主(监)管部门、县(市、区)、乡(镇、街道)、经济功能区等区域主管部门，全面研究分析风险后果，制定基于风险的分级、联动应急预案，整合应急资源，完善应急体系，有针对性地开展风险应急演练，提高应急指挥和行动能力。

第二节　路域宏观安全风险分析管控

"十三五"期间，我国新型工业化、城镇化、农业现代化持续推进，国内对交通运输燃料、化学建材等石油化工产品的需求不断提升，危险货物道路运输规模不断扩大，路域安全形势迎来了更加严峻的挑战，具体体现在以下方面：

(1)路域风险无法规避。我国人口众多、土地资源紧缺，交通主干道周边往往是城市化发展最为迅速的区域，危险货物运输过程中必然会经过人口密集、资产集中或环境敏感的高后果区域，路域风险难以回避。

(2)路域风险分析愈发困难。随着路域新改扩项目不断增加，区域构成因素由单一因素向多元化发展，相应的路域风险随人文环境、自然环境的变化趋向空间唯一性。不同路段周边区域风险的差异性大大增加了区域监管人员风险辨识与评价难度。

(3)路域风险管控需求迫切。《中华人民共和国城乡规划法》提出，城市总体规划周期一般为 20 年，道路网系统规划是其中必不可少的一环。从社会、经济、安全等多重角度出发设计最优风险管控方案成为城市规划决策者的迫切需求。

在社会高速发展的今天，如何科学、系统、全面地评估路域风险，设计高效、可靠的风险管控方案，指导路域监管者和城市规划决策者制定风险管控策略，将成为至关重要的研究课题。

一、路域宏观安全风险影响因素辨识

1. 基本概念与内涵

路域系统指由移动式危险源、公路以及路域三者共同构成的综合系统，可将其称作"车-路-环"系统。由于系统要素种类繁多，差异显著，且要素间存在非线性相互关系和作用，可将"车-路-环"系统看作一个小型的复杂系统。路域系统要素作为路域系统的构成内容，反映了路域系统在现实世界的构成状况。

从路域的微宏观安全风险角度来看，路域的微观安全风险以单一受体为对象，基于物理和化学的风险分析研究，主要应用于路域的个体影响分析，如水体影响分析、土壤影响分析、人群疏散情况分析等；路域的宏观安全风险以路域全系统为研究对象，基于系统学、信息学、安全学的风险分析研究，应用于路域设计规划、日常管理、突发事件应急管理等情况。路域宏观安全风险研究能够满足政府安全监察、产业行业安全监管的工作需要，其核心逻辑结构由风险本体、风险载体及风险受体三部分风险影响因素构成。

路域系统要素与风险影响因素的关系如图 4-1 所示。

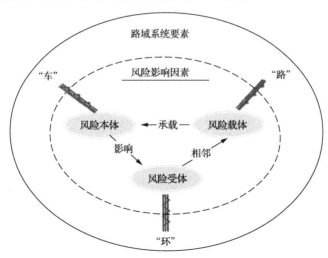

图 4-1 路域系统要素与风险影响因素的关系图

系统要素与风险影响因素的关系可以表达为：路域系统中对宏观安全风险产生影响，并归属于风险的逻辑结构中的系统要素或系统要素的组合，即为风险影响因素。路域系统要素与风险影响因素之间属于包含关系，一般来说，风险影响因素的范围要小一些。

2. 风险影响因素分析流程

路域宏观安全风险影响因素分析的技术流程包括两个阶段共 6 个环节，如图 4-2 所示。

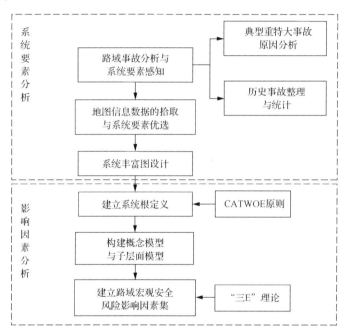

图 4-2　路域宏观安全风险影响因素分析技术框架

阶段一：系统要素分析。系统要素分析包括路域事故分析与系统要素感知、地图信息数据的拾取与系统要素优选、系统丰富图设计三个环节：①系统要素感知是系统要素分析工作的前提，通过对火灾、爆炸、有毒物质泄漏三类典型重特大事故以及历史事故统计中涉及的系统要素的分析与梳理，形成路域系统要素构成的初步感知；②对海量的地图信息进行分析，整合出有代表性的系统要素列表；③利用丰富图的形式将系统要素列表中各要素间的关系进行判断，并做出具体分析，探索其内在联系。

阶段二：影响因素分析。影响因素分析包括建立系统根定义、构建概念模型与子层面模型、建立路域宏观安全风险影响因素集三个阶段：①通过建立系统根定义，明确系统要素向风险影响因素的转换过程中涉及的主要过程及原则；②根据根定义提出的转换过程，建立具体操作环节的概念模型，将每个环节细化到能够提取对应影响因素的程度；③依照"三E"理论，从概念模型中提取风险影响因素并建立层次型因素集。

二、路域宏观安全风险评价与分级

传统的风险概念通常将风险看作一种不确定性，是可能性和严重性的函数。在进行区域风险分析时，此类表述通常难以涉及对于区域环境内风险受体承受事故灾害的能力、区域环境的特殊性等问题的考虑。本节以脆弱性理论与ARAMIS方法论为依据，对传统风险概念进行延伸，建立路域宏观安全风险逻辑分析模型，如下式所示：

风险 $R=f$(频率，强度，脆弱度)$=f$(频率，强度，暴露度，敏感度，适应能力)

在此基础上，建立路域宏观安全风险概念图，如图4-3所示。

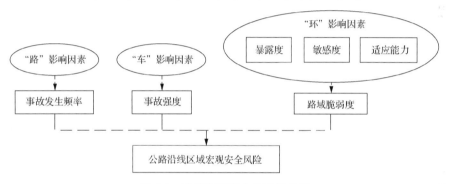

图4-3　路域宏观安全风险概念图

事故发生频率与风险影响因素中的"路"影响因素关联，事故强度与"车"影响因素关联。路域脆弱度是指公路沿线社会及自然环境区域承受危险品事故的能力及从经受的事故中恢复的程度，与"环"影响因素关联。

事故频率的分析统计依赖于详细的危险货物种类及事故类型统计，我国未建立系统、全面的危险货物事故数据库，导致事故数据不全面，时间上不连续，各来源没有统一的事故要素标准，缺乏危险货物运输事故的相关信息，难以根据事故数据判断不同公路的危险货物运输事故频率。美国联邦公路管理局（FHWA）发布的《公路危险货物运输选线应用指南》（FHWA-HI-97-003）提出了基于全面的事故统计的危险货物泄漏事故的概率，配合修正系数处理，可得到符合当前公路条件的事故概率。

事故后果的强度表现了单台移动式危险源事故的伤害能力，在现实情况下，随着事故的扩散，影响范围呈现不规则的形状。危险货物运输车辆作为移动危险源在公路上的状态是不断变化的，发生事故的地点可能是道路的任意位置，因此需要将罐车看作在道路上分布的一系列点危险源，可得到公路为轴心的多层条带状影响区域概念图，如图4-4所示。

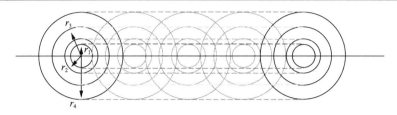

图 4-4　移动式危险源事故影响范围路径

图 4-4 中，r_1 为一级强度影响范围半径，r_2 为二级强度影响范围半径，r_3 为三级强度影响范围半径，r_4 为四级强度影响范围半径，可将 r_4 看作事故影响范围的终点。根据影响范围半径，可实现强度分级。

脆弱度评价是对路域面临移动式危险源事故时的承受能力及响应能力的评价，需要对区域内的构成要素进行系统全面的分析。为描述路域脆弱度的整体状态，需要从脆弱度的构成要素，即暴露度、敏感度、适应能力三个方面选取指标进行评估。路域的风险受体不同，则对应属性、特征以及后期相应的风险管控方式均有不同。以风险影响因素辨识中的"环"影响因素为基础，围绕脆弱度的三项构成要素对其进行优选，完成脆弱度指标体系构建，如图 4-5 所示。

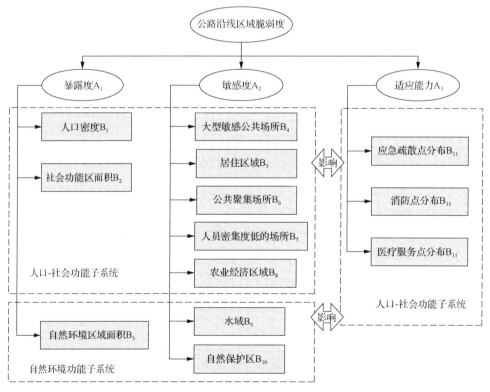

图 4-5　路域脆弱度指标体系

　　一级指标为脆弱度的构成要素，反映了区域自身抵御事故影响的本质属性；二级指标为各要素的评判准则，涉及"人口-社会"子系统、自然环境子系统两类承灾体的脆弱度评判。暴露度、敏感度与脆弱度呈正相关，适应能力与脆弱度呈负相关，暴露度、敏感度、适应能力应该是三个独立的单元。

　　路域风险评价的具体对象，即单元目标风险，是指单元中风险受体的风险值，单元整体风险是路域单元风险的表征。单元风险值 R_i 为目标遭遇事故影响的可能性、强度、脆弱度的乘积，如下式所示：

$$R_i = F_i \times S_i \times V_i = F_i \times S_i \times (V_{Ei} + V_{Si} - V_{Ai}) \tag{4-2}$$

式中，F_i 为第 i 单元对应路段事故频率等级对应值；S_i 为第 i 单元事故严重程度等级对应值；V_i 为第 i 单元脆弱度等级对应值；V_{Ei} 为第 i 单元暴露度等级对应值；V_{Si} 为第 i 单元敏感度等级对应值；V_{Ai} 为第 i 单元适应能力等级对应值。通过单元风险相加求平均的方式可得到路域总体风险值。

　　综上可得到风险评价流程的四个主要环节：

　　(1)数据收集。对移动式危险源及事故情景进行辨识，对研究的公路及路上行驶的移动式危险源进行统计分析，内容包括公路基本条件数据、公路设计参数数据、研究区域主要的危险货物性质和历史事故数据。收集研究区域的路域风险受体，应尽量全面地涵盖脆弱性指标体系中涉及的各项指标内容。

　　(2)事故频率、强度评价分级。确定路段初始泄漏事故率，计算路段事故总修正系数并代入初始泄漏事故率中，完成事故频率计算并分级赋值；对研究区域的主要危险货物性质进行分析，确定事故影响范围，得到条带状事故影响区域，并分级赋值。结合各危险货物频率及强度评价结果，确定该路段最坏情景。

　　(3)单元划分及脆弱度评价分级。按照安全监管需求对研究路段的路域进行单元划分，将各单元收集的风险受体数据按照脆弱度指标体系进行分类，计算单元脆弱度，并进行分级赋值。

　　(4)风险评价分级。将最坏情景下的单元事故频率、强度及脆弱度按照路域宏观安全风险数学分析模型进行计算，得到单元风险值及路域总体风险值。

三、路域宏观安全风险管控策略设计

　　路域宏观安全评价模型研究阶段，为路域宏观安全风险管控策略方法制定提供了科学的支持。在风险管控阶段，需要以风险评价模型为基础，从安全监管需求出发，探讨风险地图应用需求，设计风险地图展示方法，通过风险地图结果对当地路域安全状态参数进行分析,最终建立 RBS/M 下的路域宏观安全风险管控策略与方法。

1. 需求分析及地图设计

匹配路域安全监管人员的风险管控职能的风险地图应满足功能、性能以及数据三类管控需求，可利用 ArcGIS 软件实现。

(1)功能需求可以概括为全面监测、综合展示、科学分析、智慧管控，表现为信息编辑与管理功能、地图信息展示与查询功能、数据分析与评价功能、区域风险管理与控制功能四种功能的需求。

(2)为了保障路域宏观安全风险地图阶段性风险分析的质量，风险地图展示界面应满足两项性能需求：一是界面友好，规范化图层设计，将初始数据处理后的指标类数据、二次处理后的安全状态参数以及三次处理后的风险状态图层，按照规则排布，便于数据的更新工作；二是适应性强，在操作条件切换的情况下，保证地图数据不被破坏。

(3)数据需求主要包括底图数据和图层数据。底图数据为全国底图，图层数据包括风险评价模型的安全状态参数分析涉及的全部数据。

针对路域安全监管人员的需求，风险地图的设计以风险评价模型为基础，确定路域宏观安全风险的矢量数据形式；针对矢量数据的特点建立缓冲区，基于风险管控需求，确定路域单元栅格范围；将矢量数据栅格化，叠加频率、强度、脆弱度图层，可建立宏观安全风险地图。

路域宏观安全风险地图根据其功能分为宏观热图和微观网格图可视化方案两种。以北京市 G4、G6、G104 为例，本节得到路域风险热图(图 4-6)以及路域风险网格图(图 4-7)。热图形式适用于路域安全监管人员进行区域风险的发布以及较大区域尺度的风险管理；网格图形式适用于路域安全监管人员进行针对性风险防控措施的制定与跟踪，适合常态化管理使用。

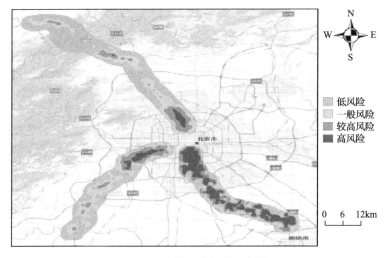

图 4-6　路域风险热图示意图

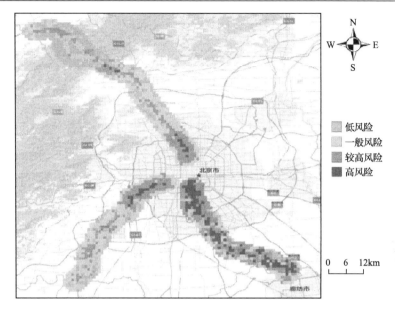

图 4-7　路域风险网格图示意图

此外，风险地图还可用于不同公路的风险状况比较、风险构成指标的风险贡献度分析、异常风险点识别等，为科学管控提供可靠依托。

2. 管控策略与方法制定

基于风险分级的匹配监管原理是 RBS/M 的应用核心，目的是实现科学、合理的风险监管状态。应用在路域宏观安全风险管控中，基于风险分级的匹配监管指路域单元的宏观安全风险等级，应与该单元实施的风险管控等级相匹配，即对高级别风险单元，采用高级别的管控策略，以此类推。

当管控级别大于路域单元风险级别时，该管控策略可能会产生管控资源的浪费，但路域单元的风险属于可接受的控制范围内，则该路域单元的风险管控状态为"不合理但可接受"；当管控级别小于路域单元风险级别时，路域单元的风险超出了控制水平，则路域单元的风险管控状态为"不合理不可接受"，属于危险状态，如表 4-3 所示。

本节以路域单元的单元构成与风险等级为基础，设计各风险管控级别对应的风险管控策略。

Ⅰ级风险单元：路域单元存在不可接受风险，适用最高级别管控措施，对路域单元内安全监管部门进行一级预警，依照单元风险贡献度的优先级别，进行横向到边，纵向到底的强力管控，对单元内安全生产状况进行全面检查，减少暴露性及敏感性实体，增加适应性实体，降低单元脆弱度，全面提升单元风险应对能力。

表4-3 路域单元的匹配监管策略

单元风险等级	风险管控级别及状态			
	一级管控	二级管控	三级管控	四级管控
Ⅰ级风险单元	合理 可接受	不合理 不可接受	不合理 不可接受	不合理 不可接受
Ⅱ级风险单元	不合理 可接受	合理 可接受	不合理 不可接受	不合理 不可接受
Ⅲ级风险单元	不合理 可接受	不合理 可接受	合理 可接受	不合理 不可接受
Ⅳ级风险单元	不合理 可接受	不合理 可接受	不合理 可接受	合理 可接受

Ⅱ级风险单元：路域单元存在不期望风险，适用较高级别管控措施，对单元内安全监管部门进行二级预警，对高贡献度风险指标施行较强的监管，对单元内安全生产状况进行高频次较大范围的检查，针对性提升单元风险应对能力。

Ⅲ级风险单元：路域单元存在有限接受风险，适用一般管控措施，对单元内安全监管部门进行三级预警，对高贡献度风险指标施行中等的监管，进行局部安全检查，通过重点监控、警告等策略，进行单元风险管控。

Ⅳ级风险单元：路域单元存在可接受风险，适用委托管控措施，对单元内安全监管部门进行四级预警，单元的风险管控可以相对弱化，对风险正向影响的指标采取关注策略，对单元内安全生产状况施行随机抽查。

安全监管部门定期对风险与管控等级的匹配度进行评估，根据实际情况调整管控策略。

风险管理与控制方法的制定，主要从风险的预防、减轻、转移、分流、自留5个方面进行。从路域宏观安全风险的安全状态参数上来看，事故频率及强度涉及的对象主要是公路条件和移动式危险源属性，这两者属于路域的固有宏观安全风险的参数，管控手段有限。在常态化的风险管控过程中，路域安全监管人员主要的管控对象是与脆弱度相关的指标。

第五章 行业安全风险管控

第一节 行业综合安全风险分级评价方法

行业综合安全风险很难进行精确和定量的风险计算，因此采用定性或半定量的方法进行风险定量。本节以 $R=f(P, L, S)$ 为基础，选择影响风险的指标体系，将指标量化，打分，按照不同的分值确定等级，从而建立风险分级评价模型。可能性 P 包含行业基本情况、行业固有风险水平等因素；后果严重度 L 包含人员影响、财产影响、环境污染、经济损失、社会稳定等因素；敏感性 S 包含社会敏感性、经济敏感性、时间敏感性等因素。

一、行业综合风险指标体系建立

根据风险的定义，本节从风险发生的可能性 P、严重性 L、敏感性 S 三个维度，设计和建立行业安全生产综合风险评价指标体系，指标选取遵循 SMART 原则，指标体系见表 5-1。

表 5-1 行业综合风险指标体系

编号	一级指标	二级指标	三级指标	定义描述	测算方法	指标分级取值方法	指标重要性
D_1	事故可能性 P	行业基本情况	行业从业人员占比	行业从业总人数占第二产业和第三产业总从业人数的比例，%	统计	排序分区取值方法	中等
D_2		行业固有风险	企业总数	从事本行业的企业总数量	统计	排序分区取值方法	重要
D_4	事故后果严重性 L	事故及损失	事故频率	上年度行业发生较大和一般安全生产事故的权值之和	统计	每发生 1 起较大事故加 10 分，每发生 1 起一般事故加 5 分	—
D_5			十万人死亡率	按照上年度测算，人/10 万人	统计	排序分区取值方法	重要
D_6			亿元产值事故死亡率	上年度行业内平均创造一亿元产值伴随的事故死亡人数，人/亿元	统计	排序分区取值方法	一般
D_7		应急管理能力	应急演练频率	上年度行业主管部门组织或观摩应急演练的总次数	统计	排序分区取值方法	重要

续表

编号	一级指标	二级指标	三级指标	定义描述	测算方法	指标分级取值方法	指标重要性
D₈	事故敏感性 S	行业社会敏感性	行业战略地位	行业在本地区的战略地位	确认	支柱行业：5 主导行业：3 一般行业：1	—
D₉		行业经济敏感性	行业大中型企业比例	大中型企业占本行业所有企业数的比例	统计	大中型企业比例<30%：5 30%≤大中型企业比例<50%：3 50%≤大中型企业比例<70%：2 大中型企业比例≥70%：1	—
D₁₀		行业时间敏感性	安全绩效周期	无重大及以上安全生产事故发生保持天数	统计	排序分区取值方法	重要

直接定级指标 （满足右侧条件其一即判定为一级风险行业	(1)道路运输行业：连续两年内发生重大及以上安全事故； 　其他行业：上年度发生重大及以上安全事故 (2)道路运输行业：连续两年内发生六起及以上较大安全事故； 　其他行业：上年度发生三起及以上较大安全事故 (3)道路运输行业：连续两年敏感时期发生较大及以上安全事故； 　其他行业：上年度敏感时期发生较大及以上安全事故

二、行业综合风险分级评价模型

建立行业综合风险评价指标体系后，本节依据风险分级评价原理，可形成一套行业综合风险分级评价方法，达到科学设计分级管控策略的目的。

该评价方法根据行业各项指标的实际情况，对应行业综合风险评价指标体系及不同权重的指标排序分区取值结果，将各项指标的得分相加，得到该行业（领域）的风险值。风险计算模型如下所示：

$$R = \sum_{i=1}^{n}D_i + \sum_{i=1}^{m}D_j + \sum_{i=1}^{e}D_k \tag{5-1}$$

式中，R 为行业综合风险值；D_i, D_j, D_k 分别为第 i, j, k 个指标的现实得分；n, m, e 分别为事故可能性、后果严重性、事故敏感性指标个数。

根据风险分级模型计算出所评价的每个行业的风险值，本节将各行业按照风险值从高到低进行排序。其中，排名位于前20%的行业为一级风险行业，排名位于20%~50%的行业为二级风险行业，排名位于50%~80%的行业为三级风险行业，排名位于后20%的行业为四级风险行业，该方法遵循"帕累托"法则。

三、风险发布

风险发布是行业综合风险管控过程中的重要组成部分，及时的风险发布可促使各责任部门尽快开展风险控制工作，及时降低或消除风险。地区负有安全生产监督管理职责的部门评价所有上报行业的安全生产风险等级，并将一级风险行业名单上报至属地安全生产委员会办公室和上级负有安全生产监督管理职责的部门备案。

风险发布涉及多个主体，包括地区负有安全生产监督管理责任的部门、各行业主管部门、新闻媒体等。其中，地区负有安全生产监督管理的部门应承担风险发布的主要任务，其负责将行业风险等级以文件形式下发至各行业主管部门，使管理部门和责任人能够及时获取信息，促进有关部门迅速采取措施管控风险；同时，地区负有安全生产监督管理责任的部门还需在官方网站上发布各行业风险等级等内容，实现信息公开，促进社会监督。

四、风险预控

风险预控旨在坚持"基础工作坚实、监控标准明确、立足预防预控、突出过程控制"的理念，全面落实安全预防控制责任，把风险防控工作纳入安全生产工作的重要监管方法措施，列入安全发展工作规划，提高生产安全事故防范能力。各行业主管部门通过建立风险防控体系工作模式，规范风险管理，有效控制事故风险，及时消除安全隐患，科学把握安全生产规律，推进安全生产事业的健康发展，实现各行业安全生产形势根本性好转。

各级部门单位风险及时预控是行业综合安全生产风险管控的最后环节，政府部门应按照"管行业必须管安全、管业务必须管安全、管生产经营必须管安全"和分级管控的原则，根据安全生产风险分级评价的结果，对行业实施分级监管，通过采取风险预控措施，做到风险及时预控。各行业主管部门对于行业不同的风险级别，需结合实际，按照一定的规章制度，依据风险预控的 ALARP 原则，及时地采取相应的风险预控措施。

第二节 各行业领域安全风险管控

一、电力行业

1. 安全风险辨识体系

结合电力行业的实际生产运营过程，本节针对发电和输配变电两个主要专业领域进行安全生产风险辨识分析。发电领域涉及的专业板块有断路器、隔离开关、过电压防护设施、继电保护装置、倒闸操作等。输配变电涉及的专业板块有变电、输电、配网和营销。电力行业主要从设备设施类、作业过程类、作业岗位类和作业环境类 4 个方面辨识风险因素。

1)发电行业

(1)设备设施类主要辨识电抗器、避雷器、接地系统、开关柜等设备设施故障。

(2)作业过程类主要辨识日常巡视、倒闸操作、二次系统上工作、起重与运输高压设备上工作、运行维护工作等风险因素。

(3)作业岗位类主要辨识运行管理所所长、运行管理所专责、发电站站长、发电站技术员及正负班长、发电站值班长、变电检修所所长、继电保护工、高压试验工、发电检修工、油化试验等的风险因素。

(4)作业环境类主要辨识外力破坏、作业环境、自然环境等的风险因素。

(5)防范的主要事故有雨雪灾害、电厂断电等。

2)输配变电行业

(1)设备设施类主要辨识塔杆、基础、金具、复合绝缘子、玻璃绝缘子、瓷质绝缘子、导线、地线、接地装置、避雷装置、电力电缆等设备设施故障。

(2)作业过程类主要辨识线路巡视、测量工作、砍剪树木、在带电线路塔杆上的工作邻近或交叉其他电力线路杆塔上的工作、同杆塔架设多回线路中部分线路停电的工作、高处作业、坑洞开挖与爆破、起重与运输、放线、紧线与撤线等风险因素。

(3)作业岗位类主要辨识运行专责、巡线班班长、巡线班技术员和巡线工、线检所技术专责、线检班班长、线检班技术员、线路检修工、线检所带电班班长、线检所带电班技术员、线检所带电作业工等风险因素。

(4)作业环境类主要辨识外力破坏、作业环境、自然环境等风险因素。

(5)输配变电防范的主要风险事故有高处作业、高压试验、冰雪灾害、高温和断电风险等。

2. 电力风险评价方法

1)发电行业

除了常用风险评价方法外,发电行业的风险评价需要开发专用方法。

(1)工作票综合风险评价方法:包括电力电缆工作票(变电、线路通用)、变电站(发电厂)工作票、电力线路工作票、变电站(发电厂)倒闸操作票;

(2)隐患风险评价方法:评点法、LEC法、JHA法;

(3)现时风险评价法:包括雨雪灾害风险评价分级法和发电厂断电风险评价标准。

2)输配变电行业

(1)工作票风险评价方法;

(2)高温灾害风险分级法;

(3)电力断电风险评价标准;

(4)现时风险评价法：包括冰雪灾害作业人员风险评价分级法、冰雪气候设备设施风险评价分级法。

3.电力风险预警预控

(1)自动识别预报：利用生产、设备、仪器仪表等技术手段，实时识别风险状态并预报风险；

(2)人工识别预报：对于需要人工进行识别的风险状态，风险预报人员应及时识别风险状态，实时预报风险；

(3)预测预警预控：根据安全生产风险预报情况和风险状态的变化趋势，适时发布预警信息，及时消除或控制风险。

二、石油化工

1. 安全风险辨识体系

石油化工行业划分为石油勘探开发、石油炼化以及石化仓储三个主要专业领域。石油勘探开发包括钻井和井下作业两部分，钻井包括道路勘测、设备搬迁、设备安装、钻前准备、一开施工、井控装置的安装试压、二开(三开、四开)施工、测井施工、完井作业、辅助作业、特殊作业、装备拆卸等主作业过程，井下作业涉及五个专业板块，即修井、作业、压裂、机加和服务(准备)板块。石油炼化的主要系统是石油的催化裂化装置，它涉及的系统有反应-再生系统、分馏系统、吸收-稳定系统、热工系统、主风机系统、气压机系统、产品精制系统、安全附件系统、消防及安全防护系统等。石化仓储涉及的板块有接卸、发货、转输、其他板块等。

1)石油勘探开发

(1)设备设施类风险因素：隐患、缺陷、故障、不符合、危险源等；

(2)作业流程类风险因素：异常、火灾、爆炸、井喷、井架倾覆、坍塌等；

(3)作业岗位类风险因素：失误、作业环境不良、噪声、中毒、不安全行为等；

(4)环境因素类风险因素：自然环境不良等；

(5)石油勘探开发的主要事故类型：触电、噪声、中毒、泄漏、爆炸、坍塌等。

2)石油炼化(催化裂化)

(1)设备设施类风险因素：隐患、缺陷、故障、不符合、危险源等；

(2)工艺流程类风险因素：异常、特殊工况、超压、超负荷等；

(3)作业岗位类风险因素：作业环境不良、三违、不安全行为、高处坠落、灼烫等；

(4)主要事故类型：泄漏、火灾爆炸、关键设备故障以及工艺动态风险等。

3)石化仓储

(1)设备设施类风险因素：缺陷、故障、不符合、危险源等；

(2)工艺流程类风险因素：异常、超压、超负荷、管道堵塞等；

(3)作业岗位类风险因素：作业环境不良、误操作、不安全行为等；

(4)环境因素类风险因素：灾害气候与恶劣天气等；

(5)主要事故类型：物质泄漏、车辆事故、管道设备故障等。

2. 石油化工风险评价方法

除了常用风险评价方法外，石油化工行业的风险评价需要开发专用的方法。

1)石油勘探开发

(1)环境因素风险评价法：高温、低温、雷电、雨、大风、雪；

(2)高危作业风险评价法：挖掘作业、有限空间作业、吊装作业、高处作业、动火作业、高压区作业、临时用电作业、气井作业；

(3)事故风险评价法：井喷风险、火灾爆炸风险、井架倾覆和交通运输事故。

2)石油炼化(催化裂化)

(1)高危作业风险评价法：高温作业、低温作业、有限空间作业、高处作业、临时用电、动土作业、动火作业、检修作业、吊装作业、有毒作业、噪声作业；

(2)异常天气风险评价法：雷电、暴雨、大风、冰雹、雪灾、地震；

(3)典型风险评价法：装置泄漏、火灾爆炸、装置故障；

(4)炼化装置工艺动态风险评价法。

3)石化仓储

(1)气象环境风险评价法：台风、寒潮、高温、大风、大雾、雷电、降雨、降雪、冰冻、潮汐；

(2)常规作业风险评价法：接卸、发货、转输、打回流(循环)、清罐、倒罐、管线清洗、通球、放水作业；

(3)高危作业风险评价法：动土、登高、动火、吊装、抽堵盲板、受限空间、临时用电、破拆断路、设备设施维保作业；

(4)典型风险评价法：货种泄漏。

3. 石油化工风险预警预控

(1)自动识别预报：通过技术手段，利用生产、设备、仪器仪表等实时识别风险状态并预报风险；

(2)人工识别预报：风险预报人员人工进行识别，应及时识别，实时预报风险；

(3)预测预警预控：根据安全生产风险预报情况和风险状态的变化趋势，适时发布预警信息，及时消除或控制风险。

三、矿山

1. 煤矿

1) 安全风险辨识体系

煤矿划分为三个专业领域：采煤、焦化和选煤。采煤主要包括六个专业板块，即采煤板块、通风板块、掘进板块、机电板块、运输板块和其他板块。焦化主要包括五个专业板块，即备煤板块、制造板块、筛选板块、装运板块和其他板块。选煤主要包括四个专业板块，即原料准备板块、洗选板块、装运板块和其他板块。

(1) 设备设施类风险因素：故障、失效、混装车刹车失灵、照明设备失灵、支护设备失效等；

(2) 作业流程类风险因素：煤与瓦斯突出、透水、顶板、触电等；

(3) 人员岗位类风险因素：人的不安全行为、误操作、违章作业等；

(4) 环境类风险因素：暴雨、雷电、高温、结冰等恶劣天气、地质灾害等；

(5) 主要事故类型：瓦斯爆炸、顶板、透水、尾矿库溃坝等。

2) 风险评价方法

除了常用风险评价方法外，煤矿行业的风行评价需要开发专用方法：

(1) 矿井地下水害风险评价法；

(2) 矿井顶板风险评价法；

(3) 矿井瓦斯风险评价法等。

3) 风险预警预控

(1) 自动报警方式。对于设备、设施的参数(如压力、流量、温度等)或者作业岗位的危害因素(如噪声分贝、有害物质浓度等)，这些可用矿山或尾矿库在线监控系统采集后采用自动报警的方式，将已经具有的自动监控系统所采集的现场数据，应用于风险预控信息系统，来实现动态、实时监控，自动报警，及时消除或控制。

(2) 人工报警方式。对于参数不能由仪表自动获取的，或者不能定量评价的风险因素，要采用人工报警，及时消除或控制。

2. 金属矿山

1) 安全风险辨识体系

金属矿山划分为六个专业板块：地下开采、露天开采、选矿、冶炼、机电、库坝边坡。地下开采包括开拓、采矿、铲装等作业单元。露天开采包括铲装、运输、供配电等作业单元。选矿包括磁选、浮选、重选等作业单元。冶炼包括堆浸、萃取、电积等作业单元。机电包括检查、焊接等作业单元。库坝边坡包括检查、维护等作业单元。

(1)设备设施类风险因素：故障、失效、钻机磨损老化、电缆破皮、安全阀失效等；

(2)作业流程类风险因素：触电、机房火灾、物体打击、职业病等；

(3)人员岗位类风险因素：人的不安全行为、误操作、违章作业等；

(4)环境因素类风险因素：暴雨、雷电等恶劣天气、地质灾害等；

(5)主要事故类型：边坡滑坡、爆破事故、运输事故、顶板事故、火灾事故、溃坝事故、地质灾害等。

2)风险分级评价方法

除了常用风险方法外，金属矿山行业的风险评价需要开发专用的方法：

(1)边坡滑坡事故风险评价方法；

(2)爆破事故风险评价方法；

(3)运输事故风险评价方法；

(4)溃坝事故风险评价方法；

(5)职业病风险评价方法等。

3. 风险预警预控

(1)自动报警方式。对于设备、设施的参数(如压力、流量、温度等)或者作业岗位的危害因素(如噪声分贝、有害物质浓度等)，这些可用一次仪表得到后反映到二次仪表，并且能够定量评价的风险可采用自动报警的方式，将已经具有的自动监控系统所采集的现场数据，应用于风险预控信息系统来实现动态、实时监控，自动报警，及时消除或控制。

(2)人工报警方式。对于参数不能由仪表自动获取的，或者不能够定量评价的风险因素，要采用人工报警，及时消除或控制。

四、冶金

1. 安全风险辨识体系

金属冶炼划分为矿石运输、碎矿、堆浸、萃取、电积、环保、废水综合利用、机电维修、后勤保障等单元。

(1)设备设施类风险因素：故障、失效、机车定位失灵、破碎机零件老化、钻床故障等；

(2)作业流程类风险因素：火灾、触电、物体打击、职业病等；

(3)人员岗位类风险因素：人的不安全行为、误操作、违章作业等；

(4)环境因素类风险因素：高温等恶劣天气；

(5)主要事故类型：火灾事故、地质灾害事故、职业危害事故等。

2. 风险评价方法

除了常用风险方法外，冶金行业的风险评价需要开发专用的方法：

(1)火灾事故风险评价方法；

(2)地质灾害事故风险评价方法；

(3)职业危害事故风险评价方法。

3. 风险预警预控

(1)自动报警。自动监控系统采集现场数据，系统分析后自动报警，及时消除或控制风险。

(2)人工报警。对于参数不能由仪表自动获取的，或者不能够定量评价的风险因素，要采用人工报警，及时消除或控制。

五、电信

1. 安全风险辨识体系

电信行业划分为工程建设和维护两个主要专业领域。工程建设涉及的专业板块有管道工程、杆路工程、线缆工程、无线工程(基站、铁塔)、设备工程等；维护涉及的专业板块有线路维护、通信设备维护、装移维护、应急通信等。

(1)设备设施类风险因素：故障、失效、蓄电池自燃、通信设备短路、过载等；

(2)作业流程类风险因素：异常状况、高处坠落、触电、机房火灾等；

(3)人员岗位类风险因素：人的不安全行为、误操作、违章作业等；

(4)环境因素类风险因素：恶劣气候、作业场所不良、"三线"交越等；

(5)主要事故类型：高处坠落、触电事故、火灾、交通事故和中毒窒息事故等。

2. 风险评价方法

除了常用风险评价方法外，电信行业的风险评价需要开发专用的方法：

(1)机房火灾事故风险评价方法；

(2)高处坠落事故风险评价方法；

(3)触电事故风险评价方法；

(4)交通事故风险评价方法等。

3. 风险预警预控

(1)自动报警。自动监控系统采集现场数据，系统分析后自动报警，及时消除或控制风险。

(2)人工报警。对于参数不能由仪表自动获取的，或者不能定量评价的风险因素，要采用人工报警，及时消除或控制。

六、水电工程

1. 安全风险辨识体系

水电工程可划分为大坝建设、机电安装、厂房建设、砂石骨料供应四大专业板块。

(1)设备设施类风险因素：故障、失灵、管道破裂、漏电保护器损坏、电缆老化等；

(2)作业流程类风险因素：设备损伤、高处坠落、触电、厂房火灾等；

(3)人员岗位类风险因素：人的不安全行为、误操作、违章作业等；

(4)环境因素类风险因素：恶劣气候、作业场所不良、缺乏安全文化建设、管理制度不健全等。

2. 风险评价方法

除了常用风险评价方法外，水电工程行业的风险评价需要开发专用的方法。

(1)典型事故风险评价法：触电、交通事故、火灾爆炸、物体打击、高空坠物、机械伤害、坍塌；

(2)高危作业风险评价法：高空作业、临边作业；

(3)灾害天气风险评价方法：冰雹、台风、雨、雪、雷电等；

(4)职业病危害风险评价方法：噪声、高温、有害气体。

3. 风险预警预控

(1)自动报警。自动监控系统采集现场数据，系统分析后自动报警，及时消除或控制风险。

(2)人工报警。对于参数不能由仪表自动获取的，或者不能够定量评价的风险因素，要采用人工报警，及时消除或控制。

七、道路交通

1. 安全风险辨识体系

道路交通风险可分为静态固有风险和动态现实风险。

1)固有风险评价方法

从可能性、严重性和敏感性三个维度建立固有风险函数：

$$R = f(P, L, S) \tag{5-2}$$

式中，R 为固有风险；P 为可能性，指导致事故发生概率的大小；L 为严重性，指事故发生可能导致的后果严重程度；S 为敏感性，指导致事故发生的时间或空间敏感程度，指标体系见表5-2。

表 5-2　道路交通风险评价指标体系及分级表

指标分类	指标名称	指标描述	指标风险分级				指标权重
			Ⅳ级 (1分)	Ⅲ级 (2分)	Ⅱ级 (3分)	Ⅰ级 (4分)	
可能性 P	平面线形 P_1	直线、弯道曲率半径，m	∞(直线)	>1000	400~1000	<400	0.2900
	坡度 P_2	道路纵面线形——纵坡度，%	0~1.99	2~3.99	4~5.99	6~8	0.0536
	车道数 P_3	行车过程中的车道数（双向四车道等）	>双向八车道	双向八车道	双向六车道	双向四车道	0.0940
	路桥路口 P_4	道路是否存在路桥、路口	无(1分)		有(4分)		0.3500
	视距 P_5	行车过程中驾驶员所能看到前方的距离，m	>750	450~750	240~450	<240	0.2123
严重性 L	车流量 L_1	不同道路历史平均车流量数据	数量极少	有一定数量	数量较多	数量极多	0.6667
	安全设施 L_2	道路安全设施的完善情况	满足4项	满足3项	满足2项	满足1项	0.3333
敏感性 S	所处时间敏感性 S_1	所处的特殊时间	其他时间(2分)		节假日高峰期、重大活动时间(4分)		0.2500
	所处环境功能区 S_2	所处环境功能区的特殊性	工业区	农业区、商业区	居民区、行政办公区、交通枢纽区	科技文化区、水源保护区、文物保护区、老人小孩聚集区	0.7500

风险值计算公式如下：

$$r_P = \sum_{i=1}^{n} d_i \omega_i$$

$$r_L = \sum_{j=1}^{n} d_j \omega_j \quad\quad (5\text{-}3)$$

$$r_S = \sum_{k=1}^{n} d_k \omega_k$$

式中，r 为风险值；d_i，d_j，d_k 分别为第 i，j，k 个指标的现实得分；ω_i，ω_j，ω_k 分别为第 i，j，k 个指标的权重；P，L，S 分别为可能性、严重性、敏感性。

将得出的可能性、严重性和敏感性风险值，对应表 5-3～表 5-5，得到风险可能性等级、严重性等级和敏感性等级。

表 5-3　风险可能性等级描述

等级	发生概率	分值	概率描述
a	极低	[0,1]	可能性很小
b	低	(1,2]	有一定可能性
c	中等	(2,3]	有较大可能性
d	高	(3,4]	有极大可能性

表 5-4　风险严重性等级描述

等级	严重程度	分值	严重程度描述
A	极低	[0,1]	可能出现少量财产损失
B	轻微	(1,2]	可能出现人员病伤或财产损失
C	中等	(2,3]	可能出现重大财产损失、资源破坏或个体人员死亡
D	严重	(3,4]	可能出现重大人员伤亡、重大财产损失

表 5-5　风险敏感性等级描述

等级	敏感性	分值	严重程度描述
1	极低	[0,1]	影响范围极小，几乎没有造成负面影响
2	低	(1,2]	一定范围内带来较大的负面影响
3	中等	(2,3]	影响较恶劣
4	高	(3,4]	影响巨大

2)现实风险评价方法

该方法针对道路交通典型事故，设计风险分级定量模型，运用风险综合评价法确定事故风险值，对典型事故现实风险进行分级评价。道路交通现实风险评价方法主要有降雪天气风险评价方法、降雨天气风险评价方法、沙尘暴天气(能见度)风险评价方法等。

2. 道路交通安全风险管控

(1)道路风险地图。对道路进行风险评估，用"红、橙、黄、蓝"预警色绘制在地图上，明确重点风险路段及限速要求。

(2)GPS 监控管理。将车辆动态实时风险显示在电子地图上，及时掌握路况风险及车辆风险，对高风险路段及车辆实施重点监控。

第六章　企业安全风险管控

第一节　企业安全风险概念

企业指在中华人民共和国领域内从事生产经营活动的单位，包括工、矿、商、贸等。企业安全生产风险可定义为生产经营单位发生特定危险情况的可能性、严重性和敏感性的综合表现。

注 1：企业安全生产综合风险的研究范畴是较大时间尺度下的风险防控规律，其研究时间为上一年度或更长时间范围。

注 2：企业安全生产综合风险具有社会性、综合性特点。

社会性：不仅考量本体（企业本身）风险因素，还须考量受体（社会）风险因素。

综合性：考量整个企业的风险水平，而非具体的设备、工艺流程、作业岗位、工作环境的风险因素。

注 3：企业安全生产综合风险可分为绝对风险和相对风险。

绝对风险：不同行业属性的企业计算出的风险值根据评价模型所确定的分级标准得出风险等级。绝对风险值计算可用于政府负有安全生产监督管理职责的部门对各企业的风险分级评价工作。如一个地区对属地范围内的所有企业进行风险分级评价，得到风险等级清单，进行分级监管。

相对风险：同行业间各企业得出风险值，将风险值进行排序后根据 ALAP 原则分区得到风险等级。相对风险值计算可用于各行业主管部门（如旅游行业）对行业内所有企业进行风险分级评价以便于分级监管。

第二节　企业综合安全风险评价

一、企业综合风险指标体系建立

根据风险的定义，从风险发生的可能性 P、严重性 L、敏感性 S 三个维度筛选指标，指标选取遵循 SMART 原则，同时对每个指标进行分级取值和重要性确认，最终根据风险分级数学模型构建企业安全生产综合风险分级定量模型。除计算类指标外，该指标体系还包含直接定级指标，即满足该类型指标的企业直接判定为一级风险企业。企业安全生产综合风险评价指标体系见表 6-1。

表 6-1　企业安全生产综合风险评价指标体系

编号	一级指标	二级指标	三级指标	定义描述	指标分级取值方法	指标重要性
D₁	事故可能性 P	企业特性	行业属性	指企业所属的行业，按两类行业划分：高危行业（矿山、建筑、危化、冶金、道路交通）或一般性行业（其他）	高危行业：10 一般行业：5	重要
D₂			企业规模	依据《统计上大中小微型企业划分办法》（国统字〔2011〕75号）对企业规模划分：大、中、小型企业	大型企业：5 中型企业：3 小型企业：1	中等
D₃			市级及以上挂牌督办重大隐患数量	企业上年度市级及以上挂牌督办的重大隐患个数	排序分区取值方法	重要
D₄			上报隐患数	上年度系统记录的隐患总数	排序分区取值方法	重要
D₅			隐患整改率	上年度系统记录的隐患整改率，%	排序分区取值方法	重要
D₆			特种设备数量	企业内特种设备数量，台（套）	排序分区取值方法	中等
D₇		安全管理能力	专职安全管理人员配备率	企业专职安全管理人员配备比例，%	排序分区取值方法	重要
D₈			安全生产标准化达标等级	企业安全生产标准化达标等级	未评审：10 三级：5 二级：2 一级：1	一般
D₉	事故后果严重性 L	当年事故发生状况	一般事故频率	上年度企业发生一般事故起数	排序分区取值方法	重要
D₁₀		应急管理能力	应急队伍人员配备率	专业或兼职应急人员数量占企业员工总人数的比例，%	排序分区取值方法	中等
D₁₁			年度员工应急演练参与率	每年参与应急演练的员工比例，%	排序分区取值方法	中等
D₁₂	事故敏感性 S	社会影响	企业受到安全生产举报投诉次数	上年度企业受到安全生产举报投诉的总次数	排序分区取值方法	一般
D₁₃		企业区位敏感	企业地域区位	危化企业所处的地域区位	城市中心区：10 城乡接合部：5 郊区：2 其他企业：1	重要
D₁₄		社会影响	生产行为合法性	上年度企业是否存在安全生产非法行为	是：10 否：0	中等

续表

编号	一级指标	二级指标	三级指标	定义描述	指标分级取值方法	指标重要性
D_{15}		企业时间敏感	企业安全生产周期	企业连续安全生产无事故天数，天	距今连续 30 天安全生产无事故：10 距今连续 90 天安全生产无事故：5 距今连续 180 天安全生产无事故：2 距今连续 360 天安全生产无事故：1	一般
直接定级指标 （满足右侧条件 其一即判定为 一级风险企业）		（1）上年度发生较大及以上安全生产事故 （2）上年度发生三起及以上一般事故 （3）上年度发生安全生产事故造成严重社会影响 （4）上年度发生安全生产事故造成严重环境污染				

二、企业综合风险分级评价模型

建立企业综合风险评价指标体系后，本节依据风险分级评价原理，可形成一套企业综合风险分级评价方法，达到科学设计分级管控策略的目的。

该方法根据企业各项指标的实际情况，对应企业综合风险评价指标体系及不同重要度的指标排序分区取值结果，将各项指标的得分相加，得到该企业的风险值。风险计算模型如下所示：

$$R = \sum_{i=1}^{n} D_i + \sum_{j=1}^{m} D_j + \sum_{k=1}^{e} D_k \tag{6-1}$$

式中，R 为风险值；D_i, D_j, D_k 分别为指标体系中第 i, j, k 个指标的现实得分；n, m, e 分别为指标体系中事故可能性、后果严重性、事故敏感性的指标个数。

根据风险分级模型计算出各企业的综合风险值 R，本节将各企业按照风险值从高到低进行排序。其中，排名位于总分值前 20%的企业为一级风险企业，排名位于总分值 20%~50%的企业为二级风险企业，排名位于总分值 50%~80%的企业为三级风险企业，排名位于总分值后 20%的企业为四级风险企业，该方法遵循"帕累托"法则。

三、风险发布

风险发布是企业综合风险管控过程中的重要组成部分，及时的风险发布可促使各责任部门尽快开展风险控制工作，及时降低或消除风险。各行业负有安全生产监督管理职责的部门负责评价本行业内企业的风险等级，并将一级风险企业名单上报至属地安全生产委员会办公室备案。

风险发布涉及多个主体，包括各行业负有安全生产监督管理责任的部门、企业、新闻媒体等。其中，各行业负有安全生产监督管理职责的部门应承担风险发布的主要任务，其负责将行业风险等级以文件形式下发至各企业，使企业管理部门和责任人能够及时获取信息，促进有关部门迅速采取措施管控风险；同时，各行业负有安全生产监督管理责任的部门还需在官方网站上发布各企业风险等级等内容，实现信息公开，促进社会监督。

四、风险预控

风险预控旨在坚持"基础工作坚实、监控标准明确、立足预防预控、突出过程控制"的理念，全面落实安全预防控制责任，把风险防控工作纳入安全生产工作的重要监管方法措施，列入安全发展工作规划，提高生产安全事故防范能力。各企业主管部门通过建立风险防控体系工作模式，规范风险管理，有效控制事故风险、及时消除安全隐患、科学把握安全生产规律，推进安全生产事业的健康发展，实现各企业安全生产形势根本性好转。

政府部门应按照"管企业必须管安全、管业务必须管安全、管生产经营必须管安全"和分级管控的原则，根据安全生产风险分级评价的结果，对企业综合实施分级监管，通过采取风险预控措施，做到风险及时预控。同时，企业必须严格履行安全生产法定责任，实行企业全员安全生产责任制度，建立健全双重预防体系。

第三节　企业高危作业安全风险分级评价

企业高危作业是指在企业生产活动中可能涉及的动火、进入受限空间、高处作业、吊装、临时用电、盲板抽堵、动土、断路等，对操作者本人、他人及周围建(构)筑物、设备、设施的安全可能造成危害的作业。不同的高危作业具有其自身的特点和特殊的影响因素，高危作业安全风险分级评价即根据各个作业的自身特点，参照现行的国家标准、行业标准和一些先进企业的成功经验，结合相关的法律、法规、技术规程和标准，设定评价指标、评价标准。企业高危作业风险分级评价方法应用累加评点法 $D=\sum C_i$，建立模型，依照该标准体系实施动态评价，得出风险等级，实现动态预警。

一、动火作业安全风险分级评价

动火作业是直接或间接产生明火的工艺设备以外的禁火区内可能产生火焰、火花或炽热表面的非常规作业，如使用电焊、气焊(割)、喷灯、电钻、砂轮等进行的作业。

为了保证本书提供的作业风险分级方法的可操作性，同时反映各指标之间重要性的不同，本节通过指标赋值来反映权重情况。给指标赋予不同的最高分值，表明指标的权重值不同，具体的赋值标准如表6-2所示。

表 6-2　指标赋值依据

指标重要性	最高分值
(4.5，5]	10
(4，4.5]	8
(3.5，4]	5

本节参考《化学品生产单位特殊作业安全规范》(GB 30871—2014)的规定，根据指标筛选中得到的指标重要性确定每个评价指标划分标准，见表6-3。

表 6-3　动火作业安全风险分级评价指标取值表

因素代号	评价指标	描述	分值
C_1	动火作业级别	特殊动火作业	10
		一级动火作业	5
		二级动火作业	1.6
C_2	作业方式	明火作业	5
		非明火作业	1.6
C_3	动火分析	作业前未进行动火分析	10
		作业前进行动火分析但监测点、监测手段或监测间隔时间不符合《化学品生产单位特殊作业安全规范》(GB 30871—2014)要求	6
		按规定作业前动火分析	1
C_4	动火环境	动火点周围有可燃物、空洞、地沟或有可能泄露易燃、可燃物料的设备，无防护措施	10
		动火点周围有相关易燃物品，有清理及隔离措施	6
		动火点周围无相关易燃物品	1
C_5	作业时长/小时	$t>4$	10
		$3<t\leqslant4$	8
		$2<t\leqslant3$	5
		$t\leqslant2$	1.6
C_6	监护人员配备	无监护人员	10
		监护人员数量不足	6
		监护人员到位	1
C_7	作业人员专业能力	特种人员未持证，用火人员未经过培训	10
		部分特种人员未持证，部分用火人员未经过培训	6
		特种人员均持证，用火人员完成培训，各项证件齐全	1

本节根据表 6-3 判断出风险分级评价指标的得分，运用公式 $D=\sum C_i$ 计算得出高处作业风险值，并按照表6-4得出其风险等级。

表 6-4　动火作业风险等级对照表

风险值 D	风险等级
<11.2	III (低)
[11.2，15)	II (中)
≥15	I (高)

二、有限空间作业安全风险分级评价

有限空间是指进出口受限，通风不良，可能存在易燃易爆、有毒有害物质或缺氧，对进入人员的身体健康和生命安全构成威胁的封闭、半封闭设施及场所，如反应器、塔、釜、槽、罐、炉膛、锅筒、管道以及地下室、窖井、坑(池)、下水道或其他封闭、半封闭场所。有限空间作业就是进入或探入有限空间进行的作业。

具体的赋值标准参考表 6-2。

本节参考《化学品生产单位特殊作业安全规范》(GB 30871—2014)等的规定，根据指标筛选中得到的指标重要性确定每个评价指标划分标准，见表 6-5。

表 6-5　有限空间作业安全风险分级评价指标取值表

因素代号	评价指标	描述	分值
C_1	有限空间类型	密闭设备	5
		地下有限空间	3
		地上有限空间	1.6
C_2	作业环境	存在有毒有害、易燃易爆、腐蚀物质；缺氧；高温；存在坍塌淹溺危险的场所	10
		曾经盛装过有毒有害、易燃易爆、腐蚀物质的场所	6
		有上述危险但是经过置换、吹扫、隔离处理的场所	3
		非上述危险的场所	1
C_3	空间状态	基本不具备作业条件	10
		具备作业条件，需防爆工具清罐	6
		具备作业条件，不需防爆工具清罐	1
C_4	出入空间方式	出入口有限，出入受到限制	5
		出入通畅	0
C_5	作业人员专业性	不清楚密闭空间内存在的其他危险因素(内部附件、集渣坑等)	10
		清楚了解作业空间内存在的其他危险因素	1
C_6	作业监护措施	无监护人员及防护措施	10
		无监护人员，有防护措施	6
		有监护人员，缺少防护措施	3
		有监护人员，有齐备的消防器材、救生绳、气防装等装备	1

续表

因素代号	评价指标	描述	分值
C_7	作业时长/小时	$t>4$	10
		$3<t\leqslant4$	8
		$2<t\leqslant3$	5
		$t\leqslant2$	1.6
C_8	空气监测达标情况	无通风措施，空气质量不达标	10
		有通风措施，空气质量仍不达标	6
		有通风措施，空气质量达标	1

　　本节根据表 6-5 判断出风险分级评价指标的得分，运用公式 $D=\sum C_i$ 计算得出高处作业风险值，并按照表 6-6 得出其风险等级。

表 6-6　有限空间作业风险等级对照表

风险值 D	风险等级
<12.8	Ⅲ(低)
$[12.8，15)$	Ⅱ(中)
$\geqslant15$	Ⅰ(高)

三、高处作业安全风险分级评价

　　高处作业是指在距坠落高度基准面 2m 或 2m 以上有可能坠落的高处进行的作业。

　　具体的赋值标准参考表 6-2。

　　本节参考《高处作业分级》(GB/T 3608—2008)和《化学品生产单位特殊作业安全规范》(GB 30871—2014)等的规定，根据指标筛选中得到的指标重要性确定每个评价指标划分标准，见表 6-7。

表 6-7　高处作业安全风险分级评价指标取值表

因素代号	评价指标	描述	分值
C_1	气候条件	大雨、暴雨或大雪、暴雪或风力≥5 级或可能或已经出现能见度小于 1000m 的雾	10
		中雨或中雪或风力[4，5]级或可能或已经出现能见度在 1000～2000m 的轻雾	6
		小雨或小雪或风力[3，4]级或可能或已经出现能见度在 2000～4000m 的轻雾	3
		非以上天气	1
C_2	作业场所	在易燃、易爆、易中毒、易灼伤的区域或转动设备附近进行的高处作业	10
		临近有排放有毒、有害气体、粉尘的放空管线或烟囱的场所	6
		非以上提到的区域	1

因素代号	评价指标	描述	分值
C_3	作业温度/℃	$t \geqslant 39$ 或 $t < -20$	5
		$33 \leqslant t \leqslant 38$ 或 $-20 < t \leqslant -10$	3
		$-10 \leqslant t < 33$	1.6
C_4	作业场所光线	采光不足或夜间作业照明不足	5
		采光一般或照明未按要求使用防爆灯	3
		作业场所光线充足，不存在照明问题	1.6
C_5	作业平台	无立足点或无牢靠立足点的露天攀登与悬空高处作业	8
		在无平台、无护栏的锅炉、压力容器及压力管道上或设备内进行的高处作业	5
		在升降(吊装)口、坑、沟道、孔洞周围进行的高处作业	1.6
		在平稳的平台上进行的高处作业	0
C_6	作业高度/m	$h > 30$	10
		$15 < h \leqslant 30$	5
		$5 < h \leqslant 15$	3
		$2 \leqslant h \leqslant 5$	1.6
C_7	检查及防护	未进行吊具检查，无安全员监护或无防护措施	10
		部分吊具未检查，缺少安全员监护或缺少防护措施	6
		吊具检查合格，有安全员监护且防护措施到位	1

本节根据表 6-7 判断出风险分级评价指标的得分，运用公式 $D = \sum C_i$ 计算得出高处作业风险值，并按照表 6-8 得出其风险等级。

表 6-8　高处作业风险等级对照表

风险值 D	风险等级
< 11.2	Ⅲ(低)
$[11.2，15)$	Ⅱ(中)
$\geqslant 15$	Ⅰ(高)

四、吊装作业安全风险分级评价

吊装作业是指利用各种吊装机具将设备、工件、器具、材料等吊起，使其发生位置变化的作业过程。

具体的赋值标准参考表 6-2。

本节参考《化学品生产单位特殊作业安全规范》(GB 30871—2014)等的规定，根据指标筛选中得到的指标重要性确定每个评价指标划分标准，见表 6-9。

表 6-9　吊装作业安全风险分级评价指标取值表

因素代号	评价指标	描述	分值
C_1	吊装物质重量/t	$M>100$	8
		$40 \leqslant M \leqslant 100$	5
		$M<40$	1.6
C_2	吊装物形状	吊装物品形状复杂、刚度小、长径比大、精密贵重	5
		形状较复杂、中等刚度、较精密	3
		形状规则、易固定及吊装	1.6
C_3	载荷与起重能力比	货物载荷达到额定起重能力的 75%	10
		货物载荷高于额定起重能力的 50%低于 75%	5
		货物载荷小于额定起重能力的 50%	1.6
C_4	天气状况	6 级以上风力	10
		4 级以上风力	5
		2 级以上风力	3
		风力小于 2 级	1.6
C_5	作业平台	起重机械作业时作业平台不平或者地基沉陷	5
		起重机械作业时作业平台平坦，地基稳固	1.6
C_6	作业人员专业能力	特种人员未持证，参与吊装作业人员未经过培训	10
		部分特种人员未持证，部分参与吊装作业人员未经过培训	6
		特种人员均持证，部分参与吊装作业人员完成培训，各项证件齐全	1
C_7	检查及防护	未进行吊具检查，无安全员监护或无防护措施	10
		部分吊具未检查，缺少安全员监护或缺少防护措施	6
		吊具检查合格，有安全员监护且防护措施到位	1

本节根据表 6-9 判断出风险分级评价指标的得分，运用公式 $D=\sum C_i$ 计算得出高处作业风险值，并按照表 6-10 得出其风险等级。

表 6-10　吊装作业风险等级对照表

风险值 D	风险等级
<11.2	III (低)
[11.2，15)	II (中)
$\geqslant 15$	I (高)

五、临时用电作业安全风险分级评价

临时用电是指正式运行的电源上所接的非永久性用电。临时用电作业是生产、检修施工等需要临时接引、装设的临时用电统称。

具体的赋值标准参考表 6-2。

本节参考《施工现场临时用电安全技术规范》(JGJ 46—2005)等的规定，根据指标筛选中得到的指标重要性确定每个评价指标划分标准，见表 6-11。

表 6-11　临时用电作业安全风险分级评价指标取值表

因素代号	评价指标	描述	分值
C_1	临时用电设备数量	5 台及以上	10
		5 台以下	3
C_2	设备总容量/kW	>50	5
		[30，50]	3
		<30	1.6
C_3	作业区域	潮湿区域，或塔、釜、槽、罐等金属设备内、金属构架上等导电性能良好的作业场所	10
		部分区域导电性能良好	6
		非上述场所	1
C_4	临时用电电压	高压	5
		低压	3
		安全电压	1.6
C_5	临时用电保护	设施无漏电保护器,移动、手持工具无保护	10
		临时用电设施及移动、手持工具部分无保护	6
		设施有漏电保护器,移动工具一机一闸一保护	1
C_6	防爆场所用电	临时电源、电器和线路均未达到防爆等级	10
		临时电源、电器和线路均存在未达到防爆等级的情况	6
		场所总体存在未达到防爆等级的情况	3
		电器和线路达到相应的防爆等级	1
C_7	作业人员专业能力	作业人员未经过培训，无相应操作证	10
		部分作业人员未经过培训或部分无相应操作证	6
		作业人员完成培训，各项证件齐全	1
C_8	检查及防护	未进行线路检查，无临时用电防护及警示措施	10
		部分线路未检查，缺少临时用电防护及警示措施	6
		线路检查符合规定且防护警示措施到位	1

本节根据表 6-11 判断出风险分级评价指标的得分，运用公式 $D = \sum C_i$ 计算得出高处作业风险值，并按照表 6-12 得出其风险等级。

表 6-12　临时用电作业风险等级对照表

风险值 D	风险等级
<12.8	Ⅲ(低)
$[12.8，15)$	Ⅱ(中)
$\geqslant 15$	Ⅰ(高)

六、盲板抽堵作业安全风险分级评价

盲板抽堵作业是指在设备、管道上安装和拆卸盲板的作业。

具体的赋值标准参考表 6-2。

本节参考《化学品生产单位特殊作业安全规范》(GB 30871—2014)等的规定，根据指标筛选中得到的指标重要性确定每个评价指标划分标准，见表 6-13。

表 6-13　盲板抽堵作业安全风险分级评价指标取值表

因素代号	评价指标	描述	分值
C_1	介质类别	有毒有害或强腐蚀性或温度过高、过低	10
		其他	1
C_2	作业场所	易燃易爆场所	10
		其他场所	1
C_3	检查	作业前未检查确认管线、设备吹扫、置换、泄压、降温的情况	10
		作业前检查确认管线、设备吹扫、置换、泄压、降温的情况	1
C_4	作业人员专业能力	特种人员未持证，参与盲板抽堵作业人员未经过培训	10
		部分特种人员未持证，部分参与盲板抽堵作业人员未经过培训	6
		特种人员均持证，部分参与盲板抽堵作业人员完成培训，各项证件齐全	1
C_5	监控及报警仪	未设有监控或报警仪	8
		设有监控或报警仪且正常运转	1
C_6	监护及防护	无安全员监护或无防护措施	10
		缺少安全员监护或缺少防护措施	6
		有安全员监护且防护措施到位	1

本节根据表 6-13 判断出风险分级评价指标的得分，运用公式 $D=\sum C_i$ 计算得出高处作业风险值，并按照表 6-14 得出其风险等级。

表 6-14　盲板抽堵作业风险等级对照表

风险值 D	风险等级
<8	Ⅲ(低)
$[8，15)$	Ⅱ(中)
$\geqslant 15$	Ⅰ(高)

七、动土作业安全风险分级评价

动土作业是指挖土、打桩、钻探、坑探、地锚入土深度在 0.5m 以上，或者使用推土机、压路机等施工机械进行填土或平整场地等可能对地下隐蔽设施产生影响的作业。

具体的赋值标准参考表 6-2。

本节参考《化学品生产单位特殊作业安全规范》(GB 30871—2014)等的规定，根据指标筛选中得到的指标重要性确定每个评价指标划分标准，见表 6-15。

表 6-15　动土作业安全风险分级评价指标取值表

因素代号	评价指标	描述	分值
C_1	挖土、打桩、地锚入土深度/m	>5	10
		>2	5
		>0.5	1.6
C_2	地面堆放负重/(kg/m²)	>500	5
		>200	3
		>100	1.6
		>50	1
C_3	作业人员专业能力	特种人员未持证，参与动土作业人员未经过培训	10
		部分特种人员未持证，部分参与动土作业人员未经过培训	6
		特种人员均持证，部分参与动土作业人员完成培训，各项证件齐全	1
C_4	安全边坡或固壁支撑	未设置安全边坡或固壁支撑	10
		设有安全边坡或固壁支撑但不检查维护	6
		设有安全边坡或固壁支撑并定期检查维护	1
C_5	作业监护措施	无监护人员及防护措施	10
		无监护人员，有防护措施	6
		有监护人员，缺少防护措施	3
		有监护人员，有齐备的防护措施	1
C_6	检测	未备有可燃气体检测仪、有毒介质检测仪	5
		备有可燃气体检测仪、有毒介质检测仪	1.6

本节根据表 6-15 判断出风险分级评价指标的得分，运用公式 $D=\sum C_i$ 计算得出高处作业风险值，并按照表 6-16 得出其风险等级。

表 6-16　动土作业风险等级对照表

表 6-16　动土作业风险等级对照表

风险值 D	风险等级
<9.6	Ⅲ(低)
[9.6，15)	Ⅱ(中)
≥15	Ⅰ(高)

八、断路作业安全风险分级评价

断路作业是指在化学品生产单位内交通主、支路与车间引道上进行施工、吊装、吊运等各种影响正常交通的作业。

具体的赋值标准参考表 6-2。

本节参考《化学品生产单位特殊作业安全规范》(GB 30871—2014)等的规定，根据指标筛选中得到的指标重要性确定每个评价指标划分标准，见表 6-17。

表 6-17　断路作业安全风险分级评价指标取值表

因素代号	评价指标	描述	分值
C_1	气候条件	大雨、暴雨或大雪、暴雪或风力≥5 级或可能或已经出现能见度小于 1000m 的雾	10
		中雨或中雪或风力[4，5]级或可能或已经出现能见度在 1000~2000m 的轻雾	6
		小雨或小雪或风力[3，4]级或可能或已经出现能见度在 2000~4000m 的轻雾	3
		非以上天气	1
C_2	断路标识	未设置围栏、断路标识、警告牌等	6
		设置了围栏、断路标识、警告牌等	1
C_3	作业温度/℃	$t≥39$ 或 $t≤-20$	5
		$33≤t≤38$ 或 $-20<t≤-10$	3
		$-10≤t<33$	1.6
C_4	作业场所光线	采光不足或夜间作业照明不足	5
		采光一般或照明未按要求使用防爆灯	3
		作业场所光线充足，不存在照明问题	1.6
C_5	监护及防护	无安全员监护或无防护措施	10
		缺少安全员监护或缺少防护措施	6
		有安全员监护且防护措施到位	1

本节根据表 6-17 判断出风险分级评价指标的得分，运用公式 $D=\sum C_i$ 计算得出高处作业风险值，并按照表 6-18 得出其风险等级。

表 6-18 断路作业风险等级对照表

风险值 D	风险等级
<8	III(低)
[8，15)	II(中)
≥15	I(高)

第四节 企业安全风险管控策略方法

一、企业风险控制方法体系建立

为有效地加强企业安全风险控制能力，构建全面的风险控制方法体系，该体系需符合系统工程学的建模理论和方法，包括控制主体、控制对象、控制方式，如图 6-1 所示。

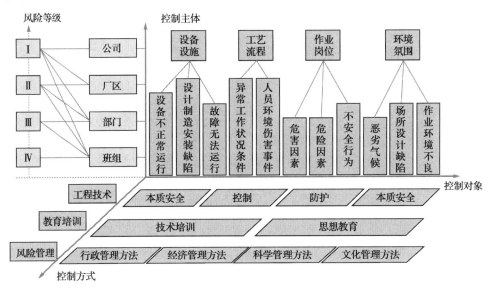

图 6-1 企业安全风险控制方法体系

(1) 风险控制主体包括公司、厂区、部门、班组 4 个层级。4 个层级对应监管不同等级的风险。

(2) 风险控制对象包括 4 个风险对象：设备设施、工艺流程、作业岗位和环境氛围；11 种风险因素：设备不正常运行、设计制造安装缺陷、故障无法运行、异常工作状况条件、人员环境伤害事件、危害因素、危险因素、不安全行为、恶劣气候、场所设计缺陷、作业环境不良。

(3) 风险控制方式为工程技术手段、教育培训手段、风险管理手段。

整个风险控制方法体系可表述为 4 类风险管控主体通过 3 类风险控制方法，

科学有效控制 4 个对象、11 类风险中可能存在的风险因素，根据匹配监管原理制定风险控制措施，实现风险控制的持续优化。

二、企业风险管控方式分类

控制风险的方法有很多种，从宏观的角度，对于事故的预防原理称为"三 E"对策，即事故的预防具有三大预防技术和方法。安全技术对策，即采用安全可靠性高的生产工艺，采用安全技术、安全设施、安全检测等安全工程技术方法，提高生产过程的本质安全化；安全教育对策，即采用各种有效的安全教育措施，提高员工的安全素质；安全管理对策，即采用各种管理对策，协调人、机、环境的关系，提高生产系统的整体安全性。为了使风险控制方法体系更加完整、全面，本节将现有的众多风险控制方法按照控制方式进行划分。

根据"三 E"对策的思路，风险控制的方法可分为工程技术手段、教育培训手段、风险管理手段。工程技术手段是指通过技术措施对固有风险的控制，主要从本质安全、控制风险、防护风险、隔离风险四个角度考虑；教育培训手段主要有技术教育培训与思想教育培训两个方面；风险管理手段从行政管理方法、经济管理方法、科学管理方法、文化管理方法 4 个方面全面考虑。本节现将风险控制方法按照控制方式分类归纳，如图 6-2 所示。

三、风险控制对象选取

企业在生产过程中涉及的风险众多且类型繁杂，其风险控制方法按照风险的对象类型进行分类，更加有针对性。

依据风险的对象类型，本节提出了"点、线、面、体"的风险对象划分方法。"点"的管理对象为设备、设施，即以设备、设施、完好、正常运转为核心，包括所有的设备、设施、部件、元件等；"线"的管理对象为作业过程、工艺或工况，即以作业流程正常运行为核心，包括所有的作业流程、工艺过程以及各种工况；"面"的管理对象为作业岗位或人员生产状况，即以人员职业健康安全为核心，包括所有的有人员参与操作的各个作业岗位等；"体"的管理对象为管理氛围或气象状况，即以作业环境安全为核心，包括所有的管理氛围和气象环境等。

针对"点"的风险，即设备设施的隐患、缺陷、不符合、故障，相应的控制方法应以工程技术手段为主，按本质安全、控制、隔离、防护的策略展开具体控制措施，以教育培训手段与管理手段为辅。针对"线"和"体"的风险，即工艺流程的异常与事故，其控制方法应以管理手段为主，尤其应注重作业岗位人机工程、应急救援预案体系建设、风险清单、安全施工作业票制度等措施方法，再以教育培训与工程技术手段为辅。针对"面"的风险，即作业岗位中的人的不安全行为、危险有害因素，相应的控制方法应以教育培训手段为主，加强员工技能培

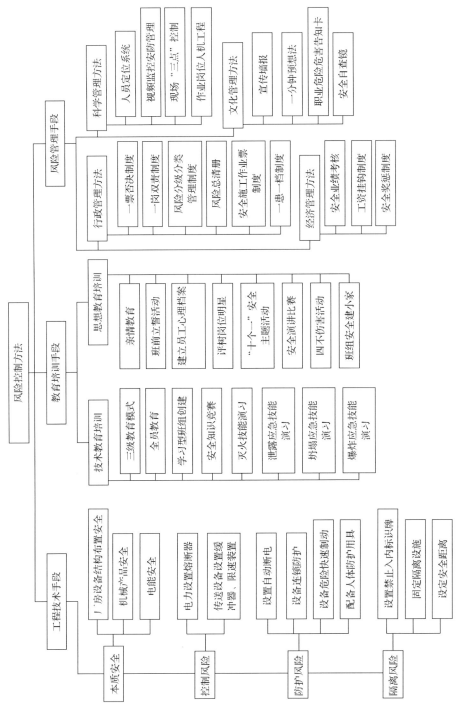

图6-2 企业风险控制方法

训，提高员工安全意识，减少违章操作，控制人为失误率，再辅以工程技术手段和风险管理手段，工程技术手段包括规范人体防护用具、固定隔离设施、设置安全距离；风险管理手段包括职业危险危害告知卡、宣传墙报等。

四、风险关注层级划分

企业在生产过程中涉及的风险有大有小，若是所有存在的风险均由组织结构中的最高层级进行关注、管理，管控既不合理也不现实；若是全部风险均由班组自行关注、管理，那么风险概率发生频繁、严重度高的风险又不可能降低至可接受风险水平。因此，从风险关注层级的角度，风险控制方法可以进行科学的分类。

根据风险辨识、评价后制定的风险等级，风险等级的高低可与企业的组织结构各层级进行匹配。高等级风险对应高层级的管理层，中等级风险对应中层级的管理层，以此类推。不同层级关注、制定不同的控制措施。同时，较高层级关注的风险等级，较低层级同样关注。

五、企业风险管控实施办法

为指导企业安全生产风险管控体系建设和优化，提升企业安全生产现场作业风险的管控能力，防止和减少生产安全事故，保障生命财产安全，根据国家相关法律、法规、标准，本节制定了企业风险管控实施办法。实施办法需规定安全风险管控体系建设和优化的核心思想、基本原则、工作流程、重点措施等内容。

1. 范围

实施办法适用于企业安全风险管控工作优化。

2. 规范性引用文件

对实施办法应用必不可少的国家相关法律、法规、标准，如《中华人民共和国安全生产法》《中华人民共和国突发事件应对法》《企业安全生产风险公告六条规定》等。

3. 术语和定义

适用于本实施办法的术语和定义，如风险管控体系、风险辨识、风险分级评价等。

4. 总则

企业安全风险管控工作优化的指导思想、基本原则、工作方法、工作目标。

5. 风险管控体系模式

1)体系架构

本实施办法以有效地加强企业风险管控能力，消灭或减少风险事件发生的各种可能性，或者减少风险事件发生时造成的损失为目的，构建全面的风险管控体系。体系应符合系统工程学的建模理论和方法，包括管控主体、管控对象、管控过程。

2)运行模式

风险管控体系的建设或优化应遵循"策划、实施、检查、改进"动态运行模式，即"PDCA"循环。风险管控体系的优化应通过不断的"PDCA"循环，实现不断完善、持续改进的运行模式。

3)风险管控主体职能

企业安全风险分级管控工作责任体系，应结合单位部门职能和分工，成立以单位主要负责人(或分管负责人)为组长，单位相关部门人员参加的风险分级管控工作组，明确工作职责和任务分工，组织开展风险分级管控工作，应有明确的风险分级管控工作管理部门。

6. 风险管控工作流程

1)风险管控实施流程

风险管控的实施流程应符合安全风险辨识、安全风险分析、安全风险评价、控制措施制定、风险分级控制、控制效果分析的逻辑顺序。

2)安全风险辨识

安全风险辨识包括安全风险辨识的辨识原则、辨识思路、辨识方法。

3)安全风险分析

安全风险分析是在安全风险辨识的基础上，对事故发生可能性及其后果严重性进行分析，并充分考虑现有安全风险管控措施的有效性，为安全风险评价分级和管控提供支持。

4)安全风险评价

安全风险评价就是要将安全风险分析的结果与企业确定的安全风险准则进行比较，确定每一项安全风险的等级，以便做出应对安全风险的决策。

5)风险分级控制

风险分级控制包括风险分级管控的管控原则和管控方法。管控原则是基于风险等级的"匹配管控原理"；管控方法包括技术措施、管理措施等。

7. 重点措施

企业安全风险管控工作的重点措施，如建立企业风险基础数据库、设计企业典型事故风险分级评价方法、绘制安全风险空间分布图、完善安全风险警示公告、开发风险管控信息平台等。

第七章　城市安全风险管控

城市是第二产业、第三产业的集中地和人口的集聚地。随着我国城市化进程明显加快，城市人口、功能和规模不断扩大，发展方式、产业结构和区域布局发生了深刻变化，如新材料、新能源、新工艺广泛应用，新产业、新业态、新领域大量涌现，城市运行系统日益复杂，安全风险不断增大。一些城市安全基础薄弱，其安全管理水平与现代化城市发展要求不适应、不协调的问题比较突出。城市化的发展对城市安全管理工作提出了巨大的挑战。未来，城市风险防控能力将成为制约城市发展及其人口承载能力的重要因素，也是城市竞争力和社会形象的重要象征。

我国的城市安全管理水平尚未跟上城市经济社会发展的速度，近年来一些城市甚至大型城市相继发生重特大生产安全事故，给人民群众生命财产安全造成重大损失，暴露出城市安全管理中存在的不少漏洞和短板：一是城市风险辨识和评估不到位，城市的安全隐患具有系统性、全局性、隐蔽性等特点，这些隐患往往易引发群死群伤事故，目前各地对城市整体风险辨识和评估普遍认识不足，城市的系统性风险辨识不到位，导致一些意想不到的重大事故频频发生；二是城市规划中对安全问题考虑不够，由于我国长期以来在城市发展和建设过程当中，城市规划与建设急功近利，对安全问题缺乏系统的考虑，在城市规模急剧扩张的同时，也产生了规划布局不合理、安全距离不足等问题，埋下了很多安全隐患；三是城市安全管理体制不完善，职能部门化、管理碎片化、运行区隔化是当前城市安全管理组织体制设置的突出特点，这些弊端导致部门间信息共享机制不完善，城市运行安全管理体系不完善，安全监管手段和方式还不能满足城市安全运行的要求。

开展城市安全风险管控具有重要意义：一是有利于健全城市安全防控机制，通过对城市安全风险进行全面辨识评估，建立城市安全风险信息管理平台，绘制"红、橙、黄、蓝"四色等级安全风险空间分布图，对不同等级的安全风险，要采取有针对性的管控措施，实行差异化管理，对高风险等级区域，要实施重点监控，加强监督检查；二是有利于摸清城市安全生产风险底数，确定重点行业、重点环节、重点场所；三是有利于提升城市安全监管效能，促进全员、全过程、全方位的安全管理；四是有利于落实城市重大事故风险的管控战略措施；五是有利于建立城市重大风险源管控的长效机制；六是有利于打造城市安全生产稳定的环境，提升区域社会形象。

第一节 城市安全风险源概念与分类

城市安全风险源是指可能引起城市安全事故发生，从而对城市或其部分组织产生不利作用的部分。根据城市安全生产风险的内涵，针对风险特点、各行业领域的行业特点、产业现状、人员分布等因素，城市安全风险源可分为城市人员密集场所领域、城市工业领域、城市公共设施领域 3 大类，房屋建筑类、场馆类、旅游景区类、教育文化类、建筑施工类、重大危险源类、非煤矿山类、供气站点类、道路交通类、港口码头类 10 小类，详见表 7-1。

表 7-1 城市安全生产风险源(单元)分类

序号	领域	风险源类别
1		房屋建筑类
2	城市人员密集场所	场馆类
3	风险源(单元)	旅游景区类
4		教育文化类
5		建筑施工类
6	城市工业 风险源(单元)	重大危险源类
7		非煤矿山类
8		供气站点类
9	城市公共设施 风险源(单元)	道路交通类
10		港口码头类

一、城市人员密集场所领域

城市的基本特点就是高密度的人口聚集以及高频率的人员流动，而公共场所作为人群聚集的地方，更是隐藏了众多的安全隐患。例如，商场公共娱乐场所等火灾隐患种类较多，容易导致火灾的危险；高层建筑人员集中，缺乏对现场形势的正确估计，一旦现场秩序失去控制，容易发生群体性事件。

《中华人民共和国消防法》第七十三条规定：人员密集场所，是指公众聚集场所，医院的门诊楼、病房楼，学校的教学楼、图书馆、食堂和集体宿舍，养老院，福利院，托儿所，幼儿园，公共图书馆的阅览室，公共展览馆、博物馆的展示厅，劳动密集型企业的生产加工车间和员工集体宿舍，旅游、宗教活动场所等。根据实际情况，此处主要辨识高层建筑、商场、酒店公寓、体育场馆、公共娱乐场所、交通场站、宗教场所、机场候机楼、医院、旅游景区、教育文化场所等。

消防安全重点监管的对象包括酒店、餐饮店、景区、酒吧等人员密集场所和购物中心、超市等易发生火灾事故的商贸企业。主要监管部门为公安局消防监督管理部门。

城市人员密集场所领域又可分为房屋建筑类、场馆类、旅游景区类、教育文化类四类。

1. 房屋建筑类

房屋建筑类主要包括高层建筑、商场、酒店公寓等。其风险特点为：高层建筑数量多且功能复杂，大多数高层建筑集各种功能于一体，建筑内人员成分复杂、流动性强、消防安全素质参差不齐；高层建筑火灾蔓延速度快，高层建筑内垂直的楼梯间、电梯井以及封堵不严实的管道井，如烟囱，火灾时会助长烟气火势的蔓延，形成烟囱效应；火灾疏散及扑救难度大，高层建筑火灾发生时烟雾蔓延快，人员相对集中，一旦发生火灾仅依靠楼梯疏散难度较大，另外，高层建筑扑救火灾时用水量大，供水方面也存在困难，扑救难度大；用电设备多，致灾因素多，线路接触的可靠性、电线和插座保护的可靠性、用电负荷的可靠性等都难以得到保证，存在火灾隐患；人员密集，流动频繁，管理难度大。

2. 场馆类

场馆类主要包括体育场馆、公共娱乐场所、交通场站、宗教场所、机场候机楼、医院等。其风险特点为：装修材料可燃、易燃物品多、火灾荷载大；用电设备多，着火源多，衔接的电气线路也多，若使用不当，容易造成局部过载、短路甚至引发火灾；人员密集，疏散困难，公共娱乐场所内人员密集，一旦发生火灾，容易造成惊慌失措、疏散困难的局面，因而导致人员的重大伤亡，且内部构造设计复杂，增加了疏散难度；发生火灾蔓延快，扑救困难，公共娱乐场所大多跨度大，空间高，一旦发生火灾，势必火势发展迅猛，极易形成立体燃烧，给扑救工作带来很大困难；从业人员消防常识缺乏，公共娱乐场所从业人员流动性大，很多人员上岗前没有经过消防教学和培训，缺少消防安全常识，不能准确疾速地引导顾客分散逃生，很容易导致严重的人员伤亡；致灾因子多，安全管理难度大；交通场站客流乘降集中，事故发生影响大。

3. 旅游景区类

旅游景区类主要包括名胜古迹、游乐场、水上乐园等。其风险特点为：娱乐项目繁多，存在危险性；客流量大，易发生踩踏拥挤事故。

4. 教育文化类

教育文化类主要包括学校、教育机构等。其风险特点为：火灾风险突出，学校存在大量可燃物，火灾危险性较大，火灾扑救难度大；多种风险并存，如学生溺水和学校防汛风险、触电、食品安全事件、外来人员造成的学生和教职工人身伤害、校园内部及周边交通安全风险等。

二、城市工业领域

城市工业风险主要指城市工业生产、运行过程中存在的风险。工业风险涉及建筑施工，危险化学品生产、储存、经营企业，非煤矿山等多个行业/领域，可能产生火灾、爆炸或中毒的风险，在各个环节都可能引发重大事故。

城市工业领域又可分为建筑施工类、重大危险源类、非煤矿山类三类。

1. 建筑施工类

建筑施工类主要包括房屋建筑施工、桥梁高架施工等。其风险特点为：建筑施工风险主要聚集于房屋工程，房屋工程建筑行业的事故起数和死亡人数占建筑施工行业的比值均为很大；施工工地高层楼宇较多，工程建设量大，"高、大、难、深"项目多；立体交叉作业多，造成不安全因素多；机械设备使用多，机械伤害风险高；人员流动性和施工季节性明显；不同的工程项目因构建类别、施工方法不同等，不安全因素也不相同，可遵循规则性差，给安全管理工作带来了困难。

2. 重大危险源类

重大危险源类主要包括危化品企业、烟花爆竹生产经营企业等。其风险特点为：危化品企业生产、储存一定数量的危化品，一旦发生事故波及范围广、后果严重，会对周边产生严重不良影响；涉危单位涉及易燃易爆危险性物质，主要涉及火灾爆炸风险。

3. 非煤矿山类

非煤矿山类主要包括非煤矿山、采石场等。其风险特点为：存在技术风险，应对技术风险有充分的重视，尤其是工程设计文件的充分性和合理性，施工方案选焊的正确性，甚至设备、材料的使用等方面，这对确保矿业工程项目的顺利实施都将起到至关重要的作用；存在工程地质环境风险，矿业工程环境条件的变异性和不确定性比较严重，一旦发生地质灾害和自然灾害往往是灾难性的。

三、城市公共设施领域

城市公共设施是城市居民和企业的生命线，其风险单元分为供水、供电、供气、供热、道路交通等多个模块。水、电、气、暖输送管道遍布城市各个角落，影响范围广，一旦发生问题将会引起城市断水断电的情况，一些企业/区域可能因此衍生出二次事故，造成群死群伤。

城市公共设施领域又可分为供气站点类、道路交通类、港口码头类三类。

1. 供气站点类

供气站点是一个易燃、易爆、有毒的危险场所。在生产区内，分布于各处的工艺装置彼此由各种阀门与管道相通，构成了一个相互关联、相互制约的生产体系。天然气长期以一定的压力存在于工艺装置和管路中，很容易从老化和松弛的各密封点渗漏出来。同时在加气过程中，残存在管内的天然气不可避免地逸出。不仅操作人员直接置身于这种环境中操作，维修人员也常常在此环境中对各设备管道进行维护修理作业，如果在任何一个工作面上，违反某项安全制度，就极有可能出现燃烧、爆炸事故，甚至造成站毁人亡的恶果。

2. 道路交通类

道路交通类主要包括桥梁、隧道、公路与轨道交通交叉点等。其风险特点为：城市路网的脆弱性往往集中体现在关键交叉节点上，在交通量不断攀升的同时，交叉口各方向、各类型车辆的交织冲突日益繁杂，加之工程渠化、信号控制等硬件设施发展不适应等问题愈发严重，交叉点交通安全风险进一步提高。

3. 港口码头类

其风险特点为：来往船只多，吞吐量大；容易遭受台风等自然灾害。

第二节　城市安全风险源评价分级

一、理论基础——风险分级三维模型

风险矩阵是在项目管理过程中识别风险(风险集)重要性的一种结构性方法，并且还是对项目风险(风险集)潜在影响进行评估的一套方法论。我国将风险矩阵的理论引入安全评价中，并用于风险等级的划分。

风险分级三维模型的设计以风险函数的二维模型(事故发生的可能性与后果严重性)为基础，增加了敏感性维度，即从事故发生的可能性、严重性及敏感性三个维度分析风险。风险 R 用函数表示如下：

$$R = f(P_i, L_i, S_i) \tag{7-1}$$

式中，P_i 为风险 i 发生的可能性；L_i 为风险 i 发生的严重性；S_i 为风险 i 发生的敏感性。

其中，可能性由低到高分为 A、B、C、D 四级，严重性由低到高分为 a、b、c、d 四级，敏感性由低到高分为 1、2、3、4 四级，最终风险等级由低到高分为 IV、III、II、I 四级。图 7-1 是风险评价定性分级的三维模型图，图 7-2 是风险三维分级模型示意图。

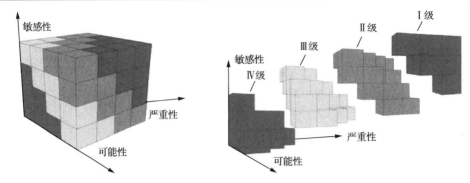

图 7-1　风险评价分级三维模型图　　　图 7-2　风险三维分级模型示意图

二、城市各类风险源分级评价方法

本节基于风险分级评价基本理论,可以采用定性评价方法,从可能性、严重性、敏感性三个维度进行分析,设计出风险分级清单,用以评价 10 种类型的重大风险源(单元)。其主要分为重大风险、较大风险、一般风险。满足重大风险描述中的任何一条即为重大风险;若不满足重大风险描述,满足较大风险描述中的任何一条即为较大风险;若不满足较大风险描述,满足一般风险描述中的任何一条即为一般风险。

1. 城市人员密集场所风险源(单元)分级评价

1) 房屋建筑类

房屋建筑类包括高层建筑、商场、酒店公寓等 ,其风险源具有高层建筑数量多、功能复杂、高层建筑火灾蔓延速度快、火灾疏散及扑救难度大、用电设备多、致灾因素多、人员密集、流动频繁、管理难度大等特点。根据风险三维分级评价模型,本节可从人员因素(如人员密度等)、能量条件(如耐火等级等)、危险源因素(如建筑结构等)、管理因素(如企业安全生产标准化等级等)、应急条件(如消防站等级等)、环境条件(如周边环境功能区)等方面设计城市人员密集场所房屋建筑类重大风险源分级评价方法(表 7-2)。

表 7-2　城市人员密集场所房屋建筑类风险源分级评价方法

风险等级		评价方法
重大风险	可能性	人员因素:最大设计容纳人员密度≥4 人/m²;入驻率≥80% 危险源因素:建筑结构为木结构;地上层数>17 管理因素:不是消防重点单位,是火灾高危单位;企业安全生产标准化等级无或未评审
	严重性	能量条件:建筑耐火等级为四级;场所开放程度为封闭性 应急条件:消防站等级为小型普通消防站 管理因素:应急演练间隔≥3 年;无自动报警系统、自动灭火系统;近三年最大事故等级为重大或以上
	敏感性	环境条件:周边环境功能区为科技文化区、水源文物保护区、老人小孩聚集区

续表

风险等级		评价方法
较大风险	可能性	人员因素：最大设计容纳人员密度为 1.5～4 人/m²；入驻率为 40%～80% 危险源因素：建筑结构为砖木、砖混结构；地上层数(8, 17] 管理因素：不是消防重点单位，不是火灾高危单位；企业安全生产标准化等级为二、三级
	严重性	能量条件：建筑耐火等级为二、三级；场所开放程度为半开放性 应急条件：消防站等级为一、二级普通消防站 管理因素：应急演练间隔 1～3 年；自动报警系统、自动灭火系统有其一；近三年最大事故等级为较大
	敏感性	环境条件：周边环境功能区为居民区、行政办公区、交通枢纽区
一般风险	可能性	人员因素：最大设计容纳人员密度≤1.5 人/m²；入驻率≤40% 危险源因素：建筑结构为钢混结构；地上层数≤8 管理因素：是消防重点单位，不是火灾高危单位；企业安全生产标准化等级为一级
	严重性	能量条件：建筑耐火等级为一级；场所开放程度为开放性 应急条件：消防站等级为特勤、战勤保障消防站 管理因素：应急演练间隔≤1 年；有自动报警系统、自动灭火系统；近三年最大事故等级为一般或无
	敏感性	环境条件：周边环境功能区为农业区、商业区或工业区

2)场馆类

场馆类包括体育场馆、公共娱乐场所、交通场站、宗教场所、机场候机楼、医院，其风险源具有装修材料可燃、易燃物品多、火灾荷载大、用电设备多、着火源多、人员密集、疏散困难、发生火灾蔓延快、扑救困难、从业人员消防常识缺乏、致灾因子多、安全管理难度大、交通场站客流乘降集中、事故发生影响大等特点。根据风险三维分级评价模型，本节可从人员因素(如人员密度等)、能量条件(如耐火等级等)、危险源因素(如建筑结构等)、应急条件(如消防站等级等)、环境条件(如周边环境功能区)等方面设计城市人员密集场所场馆类重大风险源分级评价方法(表7-3)。

表 7-3 城市人员密集场所场馆类风险源分级评价方法

风险等级		评价方法
重大风险	可能性	人员因素：最大设计容纳人员密度≥4 人/m²；企业规模≥300 人 危险源因素：建筑结构为木结构；有电梯或扶梯；有危化品储存场所；照明条件不充足
	严重性	能量条件：建筑耐火等级为四级 应急条件：消防站等级为小型普通消防站；无自动报警系统、自动灭火系统；是消防重点单位；无专职紧急救援人员
	敏感性	环境条件：周边环境功能区为科技文化区、水源文物保护区、老人小孩聚集区
较大风险	可能性	人员因素：最大设计容纳人员密度为 1.5～4 人/m²；企业规模为 100～300 人 危险源因素：建筑结构为砖木、砖混结构；照明部分充足
	严重性	能量条件：建筑耐火等级为二、三级 应急条件：消防站等级为一级或二级普通消防站；有自动报警系统、自动灭火系统；是消防重点单位
	敏感性	环境条件：周边环境功能区为居民区、行政办公区、交通枢纽区
一般风险	可能性	人员因素：最大设计容纳人员密度≤1.5 人/m²；企业规模≤100 人 危险源因素：建筑结构为钢混结构；无电梯或扶梯；无危化品储存场所
	严重性	能量条件：建筑耐火等级为一级 应急条件：消防站等级为特勤消防站；有自动报警系统、自动灭火系统；不是消防重点单位；照明充足
	敏感性	环境条件：周边环境功能区为农业区、商业区或工业区

3) 旅游景区类

旅游景区类包括名胜古迹、游乐场、水上乐园，其风险源具有娱乐项目繁多、存在危险性项目和特种设备、客流量大、易发生踩踏拥挤事故等特点。根据风险三维分级评价模型，本节可从人员因素(如平均客流量等)、危险源因素(如游乐设施数量等)、应急条件(如消防站等级等)、环境条件(如周边环境功能区)等方面设计城市人员密集场所旅游景区类重大风险源分级评价方法(表 7-4)。

表 7-4　城市人员密集场所旅游景区类风险源分级评价方法

风险等级		评价方法
重大风险	可能性	人员因素：平均客流量≥10000 人/天，或峰值客流量≥30000 人/天，或历史人员最大饱和量≥100% 危险源因素：游乐设施数量≥80 台(套)，吊桥与客运索道总长≥1000m，景区内专用机动车辆数量≥80 辆，涉及高空高速水上游乐项目且景区内有危化品储存场所
	严重性	应急条件：消防站等级为小型普通消防站；无自动报警系统、无自动灭火系统；无专职紧急救援人员
	敏感性	环境条件：周边环境功能区为科技文化区、水源文物保护区、老人小孩聚集区
较大风险	可能性	人员因素：平均客流量≥5000 人/天，或峰值客流量≥15000 人/天，或历史人员最大饱和量≥80% 危险源因素：游乐设施数量＜80 台(套)，吊桥与客运索道总长＜1000m，景区内专用机动车辆数量≥40 辆，涉及高空高速水上游乐项目但景区内无危化品储存场所
	严重性	应急条件：消防站等级为一级或二级普通消防站；有自动报警系统、自动灭火系统；无专职紧急救援人员
	敏感性	环境条件：周边环境功能区为居民区、行政办公区、交通枢纽区
一般风险	可能性	人员因素：平均客流量＜5000 人/天，或峰值客流量＜15000 人/天，或历史人员最大饱和量＜80% 危险源因素：无游乐设施，无吊桥与客运索道总长，景区内专用机动车辆数量＜40 辆，不涉及高空高速水上游乐项目且景区内无危化品储存场所
	严重性	应急条件：消防站等级为特勤消防站；有自动报警系统、自动灭火系统；有专职紧急救援人员
	敏感性	环境条件：周边环境功能区为农业区、商业区或工业区

注：(1)游乐设施：转马类、滑行车类、陀螺类、飞行塔类、赛车类、自控飞机类、观览车类、小火车类、架空游览车类、水上游乐设施、碰碰车类、电池车类、蹦极类、滑道、滑索等供游客娱乐的设施。

(2)景区内专用机动车辆：内燃观光车、蓄电池观光车等仅用于景区内的专用机动车辆

4) 教育文化类

教育文化类包括学校、教育机构，其风险源具有火灾风险突出、多种风险并存、校园内部风险及周边风险交织等特点。根据风险三维分级评价模型，本节可从人员因素(如学生教职工人数等)、危险源因素(如危化品储存场所和锅炉等)、应急条件(如消防站等级等)等方面设计城市人员密集场所教育文化类重大风险源分级评价方法(表 7-5)。

表 7-5 城市人员密集场所教育文化类风险源分级评价方法

风险等级		评价方法
重大风险	可能性	人员因素：学生教职工人数≥6000 人，或教学楼人数≥1500 人/楼，或宿舍楼人数≥400 人/楼 危险源因素：有电梯，存在危化品储存场所和锅炉
	严重性	应急条件：消防站等级为小型普通消防站且无自动报警系统、自动灭火系统；无校医院
	敏感性	—
较大风险	可能性	人员因素：学生教职工人数≥3000 人，或教学楼人数≥1000 人/楼，或宿舍楼人数≥200 人/楼 危险源因素：没有电梯，存在危化品储存场所或锅炉
	严重性	应急条件：消防站等级为一级或二级普通消防站；有自动报警系统、自动灭火系统；无校医院
	敏感性	—
一般风险	可能性	人员因素：学生教职工人数<3000 人，或教学楼人数<1000 人/楼，或宿舍楼人数<200 人/楼 危险源因素：没有电梯，不存在危化品储存场所和锅炉
	严重性	应急条件：消防站等级为特勤消防站；有自动报警系统、自动灭火系统；有校医院
	敏感性	—

2. 城市工业风险源（单元）分级评价

1）建筑施工类

建筑施工类包括房屋建筑施工和桥梁高架施工等，其风险源具有建筑施工风险主要聚集于房屋工程，"高、大、难、深"项目多，立体交叉作业多，机械设备使用多，人员流动性和施工季节性明显，不安全因素规律性差等特点。根据风险三维分级评价模型，本节可从施工因素（如模板工程搭设高度等）、人员因素（如脚手架同时作业最大人数等）、环境条件（如距市政地下管线及高压电网最短距离等）等方面设计城市工业建筑施工类重大风险源分级评价方法（表 7-6）。

表 7-6 城市工业建筑施工类风险源分级评价方法

风险等级		评价方法
重大风险	可能性	施工因素：模板工程搭设高度≥8m，或开挖深度≥5m，或脚手架搭设高度≥50m；或首次应用新技术、新工艺、新设备
	严重性	人员因素：施工作业人员总数≥400 人，或脚手架同时作业最大人数≥20 人
	敏感性	环境条件：周边环境功能区为科技文化区、水源文物保护区、老人小孩聚集区，或距市政地下管线及高压电网最短距离<10m
较大风险	可能性	施工因素：模板工程搭设高度 5～8m，或开挖深度为 3～5m，或脚手架搭设高度 24～50m
	严重性	人员因素：施工作业人员总数≥200 人，或脚手架同时作业最大人数≥10 人
	敏感性	环境条件：周边环境功能区为居民区、行政办公区、交通枢纽区，或距市政地下管线及高压电网最短距离≤500m
一般风险	可能性	施工因素：模板工程搭设高度<5m，或开挖深度为<3m，或脚手架搭设高度<24m
	严重性	人员因素：施工作业人员总数<200 人，或脚手架同时作业最大人数<10 人
	敏感性	环境条件：周边环境功能区为农业区、商业区或工业区，或距市政地下管线及高压电网最短距离>500m

2)重大危险源类

重大危险源类包括危化品企业、烟花爆竹生产经营企业等,其风险源具有主要涉及风险为火灾爆炸风险,发生事故可能影响周边单位,危化品企业生产、储存一定数量的危化品,一旦发生事故波及范围广、后果严重,会对周边产生严重不良影响;部分加油站建立时间较久,随着城市化进程加快,部分居民区逐渐靠近加油站建设,一旦发生事故,后果严重等特点。根据风险三维分级评价模型,本节可从人员因素(如特种作业人员数量等)、危险源因素(如储存危化品危险性等)、环境条件(如距周边人员密集场所或敏感场所最短距离等)、管理条件(如企业安全生产标准化等级等)等方面设计城市工业重大危险源类重大风险源分级评价方法(表7-7)。

表 7-7   城市工业重大危险源类风险源分级评价方法

风险等级		评价方法
重大风险	可能性	危险源因素:储存危化品危险性为 1.1A 项爆炸品、易燃气体、极易燃液体、一级易燃固体、一级危险的氧化剂、剧毒物质满足之一,或涉及国家重点监管的危险化工工艺,或重大危险源数量≥3,危化品存储量/临界量＞1 管理条件:企业安全生产标准化等级无或未评审
	严重性	人员因素:员工人数≥100 人,或特种作业人员数量≥40 人
	敏感性	环境条件:周边环境功能区为科技文化区、水源文物保护区、老人小孩聚集区,或距周边人员密集场所或敏感场所最短距离＜100m
较大风险	可能性	危险源因素:储存危化品危险性 1.1 类爆炸品、氧化性气体、高度易燃液体、二级易燃固体、二级自燃固体、二级危险的氧化剂、有毒物质,满足之一,或重大危险源数量≥1,危化品存储量/临界量≥0.8 管理条件:企业安全生产标准化等级为二、三级
	严重性	人员因素:员工人数≥50 人,或特种作业人员数量≥20 人
	敏感性	环境条件:周边环境功能区为居民区、行政办公区、交通枢纽区,或距周边人员密集场所或敏感场所最短距离≤500m
一般风险	可能性	危险源因素:储存危化品危险性为其他爆炸品、有毒气体、易燃液体、遇湿易燃物品、有机过氧化物、有害物质,满足之一,无涉及国家重点监管的危险化工工艺,无重大危险源,危化品存储量/临界量＜0.8 管理条件:企业安全生产标准化等级为一级
	严重性	人员因素:员工人数＜50 人,或特种作业人员数量＜20 人
	敏感性	环境条件:周边环境功能区为农业区、商业区或工业区,或距周边人员密集场所或敏感场所最短距离＞500m

注:敏感场所,如政府机关、历史文化场所等

3)非煤矿山类

非煤矿山类包括非煤矿山、采石场等,其风险源具有技术风险与工程地质环境风险并存等特点,矿业工程的地下环境恶劣且复杂,环境条件的变异性和不确定性比较严重,同时矿山地下可能发生的地质灾害和自然灾害往往是灾难性的。根据风险三维分级评价模型,本节可从人员因素(如作业人员数量等)、危险源因素(如首次应用新技术、新工艺、新设备等)、环境条件(如距周边人员密集场所或敏感场所最短距离等)等方面设计城市工业非煤矿山类重大风险源分级评价方法(表7-8)。

表 7-8　城市工业非煤矿山类风险源分级评价方法

风险等级		评价方法
重大风险	可能性	危险源因素：作业未实现机械化，年产量≥30万t，未配备专职安全管理人员，或首次应用新技术、新工艺、新设备
	严重性	人员因素：作业人员总数≥40人，未建立专职或兼职救援队伍
	敏感性	环境条件：周边环境功能区为科技文化区、水源文物保护区、老人小孩聚集区，或距周边人员密集场所或敏感场所最短距离<1km
较大风险	可能性	危险源因素：作业基本实现机械化，年产量≥10万t，配备专职安全管理人员，无首次应用新技术、新工艺、新设备
	严重性	人员因素：作业人员总数≥20人，建立专职或兼职救援队伍
	敏感性	环境条件：周边环境功能区为居民区、行政办公区、交通枢纽区，或距周边人员密集场所或敏感场所最短距离<10km
一般风险	可能性	危险源因素：作业全部实现机械化，年产量<10万t，配备专职安全管理人员，无首次应用新技术、新工艺、新设备
	严重性	人员因素：作业人员总数<20人，建立专职或兼职救援队伍
	敏感性	环境条件：周边环境功能区为农业区、商业区或工业区，或距周边人员密集场所或敏感场所最短距离>10km

注：敏感场所，如政府机关、历史文化场所等

3. 城市公共设施风险源(单元)分级评价

1)供气站点类

供气站点类风险源具有易发生火灾和爆炸，火势猛、灾害损失大，天然气易挥发且事故具有隐蔽性，天然气极限浓度低、继生灾害严重等特点。根据风险三维分级评价模型，本节可从人员因素(如持证上岗特种作业人数等)、危险源因素(如年供气规模等)、环境条件(如距附近居民区最近直线距离等)等方面设计城市公共设施供气站点类重大风险源分级评价方法(表7-9)。

表 7-9　城市公共设施供气站点类风险源分级评价方法

风险等级		评价方法
重大风险	可能性	危险源因素：年供气规模≥1500万m³，或最高储气能力≥60t，最大单罐容积≥100m³
	严重性	人员因素：持证上岗特种作业人数≥50人，职工人数≥100人，未建立专职或兼职救援队伍
	敏感性	环境条件：距附近居民区最近直线距离<50m
较大风险	可能性	危险源因素：年供气规模≥500万m³，或最高储气能力≥30t，最大单罐容积≥50m³
	严重性	人员因素：持证上岗特种作业人数≥10人，职工人数≥10人，建立专职或兼职救援队伍
	敏感性	环境条件：距附近居民区最近直线距离≤500m
一般风险	可能性	危险源因素：年供气规模≤500万m³，或最高储气能力<30t，最大单罐容积<50m³
	严重性	人员因素：持证上岗特种作业人数<10人，职工人数<10人，建立专职或兼职救援队伍
	敏感性	环境条件：距附近居民区最近直线距离>500m

2)道路交通类

道路交通类包括桥梁、隧道、公路与轨道交通交叉点等,其风险源具有城市路网的脆弱性往往集中体现在关键交叉节点上,在交通量不断攀升的同时,交叉口各方向、各类型车辆的交织冲突日益繁杂,加之工程渠化、信号控制等硬件设施发展不适应等问题愈发严重等特点。根据风险三维分级评价模型,本节可从设施因素(如车道数等)、危险源因素(如实际日均通车量与设计日均通车量之比等)、管理条件(如桥梁抗震设防等级等)、环境条件(如周边环境功能区)等方面设计城市公共设施道路交通类重大风险源分级评价方法(表 7-10)。

表 7-10 城市公共设施道路交通类风险源分级评价方法

风险等级		评价方法
重大风险	可能性	设施因素:车道数≥6;最高限速≥100km/h 危险源因素:实际日均通车量与设计日均通车量之比≥1;桥梁跨河;桥梁支撑系统有断裂、锈蚀;无监控系统;无信号灯控制系统;照明条件不充足;铁路道口无人值守
	严重性	管理条件:桥梁抗震设防为 D 类;无应急避难空间
	敏感性	环境条件:周边环境功能区为科技文化区、水源文物保护区、老人小孩聚集区
较大风险	可能性	设施因素:车道数 2～6;最高限速 60～100km/h 危险源因素:实际日均通车量与设计日均通车量之比 0.8～1;照明条件部分充足
	严重性	管理条件:桥梁抗震设防为 B、C 类
	敏感性	环境条件:周边环境功能区为居民区、行政办公区、交通枢纽区
一般风险	可能性	设施因素:车道数≤2;最高限速≤60km/h 危险源因素:实际日均通车量与设计日均通车量之比≤0.8;桥梁不跨河;桥梁支撑系统无断裂、锈蚀;有监控系统;有信号灯控制系统;照明充足;铁路道口有人值守
	严重性	管理条件:桥梁抗震设防为 A 类;有应急避难空间
	敏感性	环境条件:周边环境功能区为农业区、商业区或工业区

3)港口码头类

港口码头类风险源具有来往船只多,吞吐量大,容易遭受台风等自然灾害,导致基础设施易被损坏等特点。根据风险三维分级评价模型,本节可从人员因素(如专职安全管理人员的配备等)、危险源因素(如年均吞吐量与设计年通过能力之比等)、设备条件(如防风抗台设施等)等方面设计城市公共设施港口码头类重大风险源分级评价方法(表 7-11)。

三、城市重大风险源分布

1. 地图数据处理

1)地图数据来源

风险源分布地图是根据一定的数学法则,将地图、国家或区域的风险源信息,使用地图符号语言,缩小反映在平面上,用以反映各种类风险源的等级、空间分布、数量及其在时间上的发展变化。

表 7-11　城市公共设施港口码头类风险源分级评价方法

风险等级		评价方法
重大风险	可能性	人员因素：未配备专职安全管理人员 危险源因素：重大危险源数量≥3；泊位吨级为万吨级及以上；存在燃料或危化品储存场所；最大裂缝宽度≥0.3mm；年均吞吐量与设计年通过能力之比≥1
	严重性	设备条件：未建立专职或兼职救援队伍；无防波堤；无防风抗台设施；无监控设施
	敏感性	—
较大风险	可能性	危险源因素：重大危险源数量≥1；泊位吨级为千吨级；最大裂缝宽度为 0.05～0.3mm；年均吞吐量与设计年通过能力之比为 0.8～1
	严重性	设备条件：无防波堤、有防风抗台设施
	敏感性	—
一般风险	可能性	人员因素：配备专职安全管理人员 危险源因素：无重大危险源；泊位吨级为千吨级以下；没有燃料或危化品储存场所；最大裂缝宽度≤0.05mm；年均吞吐量与设计年通过能力之比≤0.8
	严重性	设备条件：建立专职或兼职救援队伍；有防波堤；有防风抗台设施；有监控设施
	敏感性	—

注：裂缝指钢筋混凝土结构中存在的结构性裂缝和非结构性裂缝

2) 地图数据类型

根据不同的需要和标准，地理地图数据可分为不同的类型。按照地理空间数据的基本特征，其可分为空间数据、属性数据、时间数据三类；根据表示对象的不同，其可分为类型数据、面域数据、网格数据、曲面数据、符号数据等。

根据风险源分布地图的数据来源与需要，风险源分布地图主要由点、线、面及注记等数据来表示风险源的等级、空间分布等属性。

3) 地图数据可视化

地图数据可视化又称视觉化，是将数据蕴含的信息转化为直观图形图像的技术。风险源分布地图数据的可视化主要通过风险源符号来表达。风险源符号有如下功能：①区分表示不同种类及所属领域的风险源；②区分表示不同等级的风险源。根据风险源符号的两种功能，风险源的种类及所属领域通过风险源符号的形状来表达，风险源的等级通过风险源符号的颜色来表达。

2. 地图绘制原则

(1)科学性。地图绘制的科学性是指地图的绘制要有科学的根据，采用科学的方法、技术和手段。

(2)实用性。绘制的地图必须具备一定的功能性，满足某些特定的需要，具有较强的实用价值。

(3)差异性。作为反映区域风险源信息的地图(集)，风险源分布地图(集)必须突出区域的特点和区域间的差异。

(4)协调统一性。协调统一性是保证地图科学质量的关键，地图的协调统一性包括内容的协调统一性与形式的协调统一性。

3. 地图绘制方法

风险源分布地图(集)主要按照以下方法步骤绘制:

(1)确定地图的名称、范围、比例尺等基本要素;

(2)确定该地图所表示的风险源的种类和数量;

(3)设计该种类风险源的符号与颜色级别;

(4)添加风险源符号;

(5)完成图例等其他地图要素;

(6)按照以上步骤绘制其他种类的风险源分布地图。

4. 风险源图标标识

1)风险源符号形状

根据地图数据处理方法和绘制原则,本节设计了总计 12 种符号。各种类风险源符号的形状如图 7-3 所示。

图 7-3　城市重大风险源分布地图标识标准

2）风险源符号颜色

由于将城市安全生产风险分为重大风险、较大风险、一般风险三级，因此三种不同等级的风险源符号颜色分别用红（重大风险）、黄（较大风险）、蓝（一般风险）来确定。人员密集场所、城市工业领域、城市公共设施三种重大风险源分布地图统一采用红色作为风险源符号颜色标识。

第三节　城市安全风险管控方法

一、城市风险监管主体思路

1.加强责任体系建设

强化监管队伍建设，根据监管体量配备足量的安全监管人员，明确执法权问题；建设安全监管责任体系，按照"谁主管、谁负责"的原则，完善"党委政府主导、企事业单位负责、社会组织协同、公众参与"的城市安全工作格局，实现风险的共同管理、责任分担。

2.加强重大风险防控

根据城市风险分析评估的结果，通过法规标准、规划、工程技术、管理等措施，在现实可行、经济合理的原则下，对辨识出的风险进行控制。

3.构建城市安全预防体系

制定城市安全风险清单、事故隐患清单和安全风险图定期更新制度，制定双重预防机制相关制度文件定期分析评估制度，确保安全风险管控和隐患排查治理双重预防机制不断完善，形成城市安全预防体系，将风险管控落实到各部门的日常工作中，形成风险管控的长效机制。

二、城市风险监管策略方法

（一）城市人员密集场所风险源监管策略方法

强化人员密集场所产权单位和物业管理单位主体责任的落实；加强高层建筑的消防安全管理，培育专业物业管理团队，提倡聘用具有注册消防工程师资格的专业消防管理人员负责高层建筑的消防安全管理工作；规范大型活动安保工作，加强各类体育、文化、娱乐活动的安全管理，建立完善的大型集会和大型活动风险研判、预案备案制度，对大型活动实行分类管理，分类开展安全监管工作；全力推进地区社会方面火灾防控工作，强化消防安全的隐患源头控制，严格建筑设施设计、验收审查，建立常态化火灾隐患排查整治机制，开展多部门联合治理，强化多警联勤执法机制建设，及时整治各类火灾隐患；加强学校公共安全教育。

(二)城市工业风险源监管策略方法

1. 规范建筑施工安全

加强大型建筑工程风险分析评估,根据风险分析评估结论制定专项施工方案,确保工程设计可靠、工艺和技术可靠,施工期间尤其是关键部位和关键阶段的施工,必须由专业监理工程师实施旁站监督;深入开展施工过程安全生产标准化;加强建筑施工过程监管;以重点工程和市政基础设施建设为重点,进一步落实各环节的安全责任,抓好建筑施工过程安全,突出查处违法挂靠、分包、层层转包行为,监督施工和监理企业项目部管理人员满足资格要求并到岗履职;加强重点项目监管;强化重点环节的监管;加强建筑施工企业职工安全培训。

2. 加强涉危单位管控

建立涉及危险化学品建设项目的规划、审批沟通机制;加强建交、公安消防、经发、安监等部门在涉及危险化学品建设项目的审批过程中的互联共通,严把准入关和安全许可审查程序,严把易涉及危化品建设项目的风险分析评估;大力推行涉危企业风险预控管理;监督和指导危险化学品企业深化对设备运行、人员操作、工艺流程、安全设施等方面的风险辨识,建立风险管控制度,实施全过程风险管理;提高涉危企业应急处置能力;建立危险告知机制。

(三)城市公共设施风险源监管策略方法

落实公共设施管理责任;加强公共设施关键环节监管,加强对隧道桥梁、燃气管线、道路交通等易造成群死群伤事故领域的安全风险排查,加强关键环节的监控,建立安全隐患整治档案;推动供水系统本质安全建设;加强电网运行维护管理;推动安全供气建设;开展道路安全整治工程;开展登高消防车预留操作空间活动;加强公共消防设施建设;多措并举落实消防维护资金来源渠道。

三、城市风险管控责任体系

城市运行是一个复杂系统,涉及行业领域多、部门单位多。对城市运行中的安全风险实施有效管控,既需要职责清晰分工明确,也需要齐抓共管、形成合力。提出明确风险管控的责任部门和单位,完善重大安全风险联防联控机制的工作要求,通过建立重大安全风险联防联控机制,落实工作职责,打造城市安全共同治理的格局,杜绝监管盲区漏洞,形成工作合力,严防重特大生产安全事故。要明确风险管控责任部门和单位,完善联防联控机制。

要强化行业主管部门的安全管理责任。按照"属地管理"原则和"管行业必须管安全、管业务必须管安全、管生产经营必须管安全"的要求,严格落实行业主管部门的安全管理责任,负有安全生产监督管理职责的部门要依法履行安全监管责任。对分析辨识的安全风险实施定人、定责管控,并定期组织分析评估,确保风险在控可控。同时,按照"风险等级越高、管控级别越高和上级负责管控的风险、下级必须负责管控"的原则,生产经营单位将风险源按照类别和等级逐一明确到本单位的管控层级,落实具体的责任单位、责任人和管控措施。

(一)城市安全发展责任体系建设模式

城市安全发展责任体系建设模式:一是按照习近平总书记"党政同责、一岗双责、齐抓共管、失职追责"的要求,进一步健全"党政同责"和"一岗双责"的城市安全发展责任体系;二是按照"属地管理"要求,进一步健全地方政府属地监管责任体系;三是充分发挥各级政府安全生产委员会的综合协调职能,进一步健全政府综合监管责任体系;四是坚持"管行业必须管安全、管生产经营必须管安全、管业务必须管安全"、"谁主管,谁负责"、"谁审批,谁负责"的原则,进一步健全行业主管部门直接监管责任体系;五是按照相关文件要求,进一步健全企业城市安全发展主体责任体系,切实做到安全投入到位、安全培训到位、基础管理到位、应急救援到位;六是借鉴国外先进安全管理经验,充分发挥中介服务机构和检测检验机构的技术支撑能力;七是充分发挥社会组织和工会的监督作用。

(二)城市安全发展责任体系主要结构内容

政府部门依法落实四类监管主体。落实"党政同责"和"一岗双责"责任、地方政府属地监管责任、政府综合监管责任、行业主管部门直接监管责任。

企业落实五个主体责任。企业落实组织机构保障责任、规章制度保障责任、物质资金保障责任、管理保障责任、事故报告和应急救援责任。

完善中介服务机构和检测检验机构技术保障责任。推动城市安全发展专业服务机构规范发展,推动安全评价、检测检验、培训、咨询、安全标志管理等专业机构规范发展。

积极发挥社会组织、工会及群众的监督责任主体。

三层级的责任对象(三类责任人):领导决策层,过程管理层,现实执行层。

各行业的专业责任:负有城市安全发展监管职责的部门及单位的安全监管责任。

(三)城市通用重大风险管控责任体系

提高重大风险源所在企业行业主管部门安全生产责任意识,促进规范全员安全行为。普及城市安全发展主体责任,推进安全责任体系构建,编制城市通用重大风险源管控责任体系,如表7-12所示。以责任落实为目标,针对各层级和部门,织密安全生产责任网络，确保安全监管无死角、安全管理无盲区，加强安全生产责任的全面落实，加快实现城市安全发展由"以治为主"向"以防为主"的转变和由"被动应付"向"主动监管"的转变，全面提升安全生产事故防控能力。

表 7-12　城市通用重大风险源管控责任体系

序号	风险源类别	企业主体责任	政府主管责任部门	政府监管责任部门	政府相关责任部门
1	校园类	企业自身	市教育局、区县教育局	应急管理局	—
2	商场	企业自身	工商局	—	经贸委、消防机构
3	医院	企业自身	市卫生局	市应急管理局、市监局	消防机构
4	酒店公寓	企业自身	—	应急管理局	消防机构
5	宗教场所	企业自身	市民族宗教事务委员会	应急管理局	消防机构
6	旅游景区	企业自身	旅游发展委员会	应急管理局	消防机构、公安局
7	重大危险源(危化企业、烟花爆竹企业)	企业自身	经贸委	应急管理局	消防机构、市监局
8	非煤矿山	企业自身	自然资源局	应急管理局	工商局
9	建筑施工项目	企业自身	住房和城乡建设局	应急管理局	工商局
10	供气站点	企业自身	工商局	应急管理局	消防机构、市监局
11	港口码头	企业自身	市交通运输局	应急管理局	市海洋与渔业局
12	道路交通	企业自身	市交通运输局	应急管理局	公路管理局、市公路局

(四)城市安全风险管控职责

1. 政府风险预控职责

1)市应急管理局

市应急管理局负责汇总、编制城市重大风险源(单元)信息采集表，审核、校正并统筹确定本辖区内风险源等级；根据风险分级结果，明确管控和监管责任单位，组织落实不同风险等级的差异化动态管控措施；组织绘制本辖区风险点"红橙黄蓝"四色电子分布图，标注位置分布、风险类别、风险特征、管控责任单位、责任人等基础信息；重点对本辖区内较大级以上安全风险点的管控情况进行监督检查，督促责任主体落实管控责任、措施；负责对辖区内风险分级管控工作实施情况进行监督检查。

2)各行业主(监)管部门

各行业主(监)管部门负责将市安全生产委员会制定的通用标准和本行业已有标准相结合，组织编制符合各行业领域特点的安全风险识别评估和管理标准，进一步明确安全风险识别的责任主体、范围、风险点具体分级标准、各类风险等级的管控措施；组织本行业领域开展风险分级管控的培训工作；负责对本行业领域风险分级管控工作实施情况进行监督检查；重点对本行业领域重大级安全风险点的管控情况进行监督检查，督促责任主体落实管控责任、措施。

2. 企业风险预控职责

企业领导部门以及企业各职能部门指挥及监督各部门的风险预控实施，依据相关规定、制度、应急职责等及时采取有效的风险预控指挥管理；企业安全监察部以及企业生产二级单位的安全监察部指导及监管各生产的风险预控实施，依据相关规定、制度、应急职责等及时采取有效的风险预控管理；工业企业生产作业现场根据各岗位职责及相关操作规程、操作卡、应急预案等及时采取有效的风险预控措施。

(五)风险预控方式

1. 政府风险预控方式

1)四级风险预控(红)

对四级风险企业进行挂牌督办，市安全生产委员会负责四级风险企业挂牌督办工作，根据风险控制情况，做出是否摘牌决定。对四级风险地区(区县、乡镇)，加大监管力度，增加监管人员数量，结合区域内风险源(单元)实际情况，建立预防预警、联防联控和联合执法检查机制，制定安全监管检查计划，定期开展区域安全生产情况大检查，各政府部门的安全生产监督检查频次原则上每季度检查不少于2次。针对风险的具体情况，选择适当的综合风险预控措施。

2)三级风险预控措施(橙)

对三级风险地区(区县、乡镇)，结合区域内风险源(单元)实际情况，建立预防预警、联防联控和联合执法检查机制，制定安全监管检查计划，定期开展区域安全生产情况大检查，政府部门的安全生产监督检查频次原则上每季度检查不少于1次。针对风险的具体情况，选择适当的综合风险预控措施。

3)二级风险预控措施(黄)

对二级风险地区(区县、乡镇)，制定安全监管检查计划，政府部门的安全生产监督检查频次原则上每半年检查不少于1次。针对风险的具体情况，选择适当的综合风险预控措施。

4)一级风险预控措施(蓝)

对一级风险地区(区县、乡镇)，政府部门的安全生产监督检查频次原则上每年检查不少于1次。针对风险的具体情况，选择适当的综合风险预控措施。

5)综合风险预控措施

(1)行业管控。

各行业主(监)管部门根据所辖范围内生产经营单位的风险等级情况和特点，调动各方力量，整合相应资源，开发设计适合于本行业的风险管理方法和技术，可以无偿或通过市场行为提供给生产经营单位，做好宣贯、推广、普及、指导和辅导工作，保证落实到位。

(2)培训管控。

组织开展各层级、各专业领域和各种形式的安全生产培训工作，以政府策划、中介组织和市场运作的方法，进行多种类、多内容、多频次的安全生产培训，提高生产经营单位安全生产管理水平和风险预控意识及能力。

(3)应急管控。

制定基于风险的分级、联动应急预案，整合应急资源，完善应急体系，有针对性地开展风险应急演练，提高应急指挥和行动能力。

(4)诚信体系。

2. 企业风险预控方式

1)四级风险预控(红)

企业领导部门统一指挥，组织安全监察部制定具体的技术措施，由各生产具体实施，企业领导部门及各相关职能部门做好应急准备，随时启动应急预案。

2)三级风险预控(橙)

企业安全监察部会同相关技术专家评审风险现状，制定具体的技术措施，以降低风险预警等级，安全监察部及其他部门做好应急准备，整个企业保持正常工作、生产和生活秩序。

3)二级风险预控(黄)

该风险所在车间组织生产现场技术员或班组长，根据具体情况采取相应控制措施，评审是否需要另外的控制措施，整个车间保持正常工作、生产和生活秩序。

4)一级风险预控(蓝)

班组长组织班前教育，提醒相关操作人员要其"各司其职，各控其险"，避免伤害或损失。

第八章　工业危险源安全风险管控

第一节　特种设备安全风险管控

一、风险辨识分析

1. 辨识体系

特种设备包括八类，即锅炉、压力管道、压力容器、起重机械、电梯、客运索道、大型游乐设施、场(厂)内机动车辆。特种设备全生命周期又涵盖设备设计、制造、安装、使用、改造、维修、检验和报废八个阶段。分析可能引起特种设备事故的原因要从人的因素、物的因素、环境因素、管理因素、政策法规因素五个方面分析，所以在全生命周期风险管理理论研究的基础上，设计构建了特种设备风险因素辨识体系，该体系的系统性和全面性体现在"两个全过程"和"两个全类型"。

两个全过程：第一，特种设备生命周期全过程，风险因素的辨识分析将从设备设计、制造、安装、使用、维修、改造、检验检测、报废八个环节逐个展开；第二，风险管理活动全过程，风险管理的基本范畴包括风险分析、风险评估和风险控制，也称风险管理三要素，本体系的风险辨识技术在这三个方面均有具体体现。

两个全类型：第一，设备全类型，即锅炉、压力管道、压力容器、起重机械、电梯、客运索道、大型游乐设施、场(厂)内机动车辆；第二，风险因素全类型，根据特种设备事故致因模型，导致设备事故发生的直接原因、间接原因和基本原因包括人的不安全行为、物的不安全状态、生产环境的不良影响、管理的欠缺以及政策法规行业标准的缺失不完善，这些都是导致事故发生的重要因素。因此，可能引发特种设备事故的人的因素、物的因素、环境因素、管理因素、政策法规因素就构造了风险因素的全类型。

本节基于两个全过程和两个全类型，构建特种设备风险辨识体系，即以各类设备为分析"点"，以设备生命周期为分析"线"，以"人、机、环境、管理、法规政策(标准)"为分析"面"，构建"点、线、面"的三维风险因素辨识分析体系，如图8-1所示。

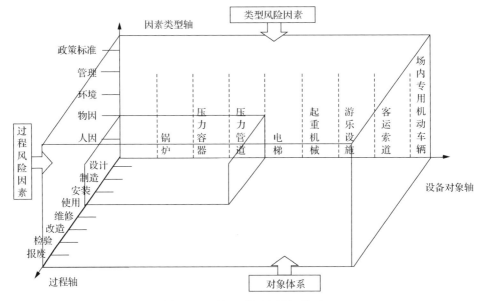

图 8-1　三维风险因素辨识体系

2. 主要风险类型

以特种设备中的锅炉为例，锅炉的主要风险类型如下。

设计阶段的主要风险类型：设计缺陷、审查工作失职、体系不健全；

制造阶段的主要风险类型：制造缺陷、质量不符合、管理不到位、政策法规不适用；

安装阶段的主要风险类型：安装前检查不到位、设备能力不适应、资格不具备、专业规范标准缺失；

使用阶段的主要风险类型：未按规程操作、保护装置不能正确动作、高温、制度不完善、政策法规不适用；

维修阶段的主要风险类型：检修不全面、设备能力不适应、存在检修盲区、制度缺失、政策法规不适用；

改造阶段的主要风险类型：改装与设计不符、设备能力不适应、制度缺失、政策法规不完善；

检验阶段的主要风险类型：总体验收把关不严、设备能力不适应、监管不力、政策法规不适用；

报废阶段的主要风险类型：非法处理、监管不到位、法规缺失。

二、风险分级评价

特种设备安全生产现实风险评价方法包括典型事故现实风险分级评价法、八类特种设备单体现实风险评价方法、整类特种设备综合风险评价法。

典型事故现实风险分级评价法主要有锅炉爆炸风险分级评价法、长输油气管道泄漏风险分级评价法、压力容器爆炸风险分级评价法、电梯溜车风险分级评价法、客运索道突停风险分级评价法、厂内机动车辆伤人风险分级评价法、起重机机械断裂风险分级评价法、游乐设施机械断裂风险分级评价法。

八类特种设备单体现实风险评价方法主要有锅炉现实风险评价法、压力管道现实风险评价法、压力容器现实风险评价法、起重机械现实风险评价法、电梯现实风险评价法、客运索道现实风险评价法、大型游乐设施现实风险评价法、场(厂)内机动车辆现实风险评价法。

整类特种设备综合风险评价法主要有同类设备风险评价法、异类设备风险评价法和复合类设备风险评价法。

1. 同类设备风险评价法

同类设备风险简称同类风险指某一类特种设备用于同类设备之间比较的整类综合风险。其代表一类设备风险,并且是同一类,而不是一个设备风险。

同类设备风险评价模型如下式所示:

$$R_s = \frac{\sum^{n_1} R_{i1}\omega_{i1} + \sum^{n_2} R_{i2}\omega_{i2} + \sum^{n_3} R_{i3}\omega_{i3}}{\sum^{n_1}\omega_{i1} + \sum^{n_2}\omega_{i2} + \sum^{n_3}\omega_{i3}} \tag{8-1}$$

式中,R_s 为同类特种设备风险;$i=1,2,3,\cdots,8$,其代表特种设备类型;R_{i1} 为一级设备 i 的风险值;R_{i2} 为二级设备 i 的风险值;R_{i3} 为三级设备 i 的风险值;ω_{i1} 为一级设备 i 对设备 i 的风险权重;ω_{i2} 为二级设备 i 对设备 i 的风险权重;ω_{i3} 为三级设备 i 对设备 i 的风险权重;n_1 为一级设备 i 的数量;n_2 为二级设备 i 的数量;n_3 为三级设备 i 的数量。

2. 异类设备风险评价法

异类设备风险简称异类风险指不同类特种设备用于不同类设备之间比较的整类综合风险。其代表一类设备风险,并且是不同类,而不是不同单个设备风险。本节利用不同类设备的风险强度系数对同类设备风险评价模型加以修正,建立异类设备风险评价模型。

异类设备风险计算模型如下式所示:

$$R_d = \frac{8\left(\sum^{n_1} R_{i1}\omega_{i1} + \sum^{n_2} R_{i2}\omega_{i2} + \sum^{n_3} R_{i3}\omega_{i3}\right)\omega_i}{\sum^{n_1}\omega_{i1} + \sum^{n_2}\omega_{i2} + \sum^{n_3}\omega_{i3}} \tag{8-2}$$

式中，R_d 为异类特种设备风险；$i=1,2,3,\cdots,8$，其代表特种设备类型；R_{i1} 为一级设备 i 的风险值；R_{i2} 为二级设备 i 的风险值；R_{i3} 为三级设备 i 的风险值；ω_{i1} 为一级设备 i 对设备 i 的风险权重；ω_{i2} 为二级设备 i 对设备 i 的风险权重；ω_{i3} 为三级设备 i 对设备 i 的风险权重；ω_i 为设备 i 对整类综合风险的风险权重；n_1 为一级设备 i 的数量；n_2 为二级设备 i 的数量；n_3 为三级设备 i 的数量。

3. 复合类设备风险评价法

复合类设备风险简称复合类风险指某一地区、单位多类特种设备用于不同地区、单位之间比较的整类综合风险。其代表一个地区、单位所有（多类多台）设备的综合风险。本节根据单体设备分级和每种设备的风险权重，利用线性加权平均法，建立复合类设备风险评价模型。

复合类设备风险 R_c 模型如下式所示：

$$R_c = \frac{\sum_{i}^{n} R_{ij} \cdot \omega_{ij}'}{\sum_{i}^{n} \omega_{ij}'} \tag{8-3}$$

式中，R_c 为复合类设备风险；$i=1,2,3,\cdots,8$，其代表特种设备类型；$j=1,2,3$，其代表设备风险级别；R_{ij} 为设备 B_{ij} 的风险值；ω_{ij}' 为设备 B_{ij} 对综合风险评价影响的权重；n 为设备总数。

三、风险预警

承压类特种设备社会风险预警是一种科学的安全管理方法，通过对预警要素、数据的分析，对承压类特种设备的安全状态及社会风险水平进行监测、诊断与预控。实施社会风险预警的目的在于预防承压类特种设备事故或事件的发生、发展，防止和矫正事故征兆的不良趋势和危机状态，管控承压类特种设备社会风险水平。该方法利用系统工程方法论中的霍尔结构模型的思想对承压类特种设备社会风险预警的基本程序进行分析，构建了承压类特种设备社会风险预警的三维结构体系，如图 8-2 所示。

依据系统工程的三维结构，承压类特种设备社会风险预警应综合预警逻辑维、预警时间维和预警知识维三个方面实施。

(1)逻辑维，解决的是承压类特种设备社会风险预警的逻辑过程。明确警义、寻找警源、分析警兆、预报警度和防控警情是承压类特种设备社会风险预警逻辑维的五个环节。

第一环节，明确警义，是指明确承压类特种设备社会风险的各类影响因素，确定监测预警的对象。其包括对两个方面内容的确定：①确定警素，即预警要素应包括哪些。如何在复杂多变的风险因子中找出最主要的、根本的警素，是科学、有效地实施承压类特种设备社会风险预警的前提。②确定警度，即明确承压类特种设备社会风险距离临界状态或预定风险等级的远近程度和波动幅度。

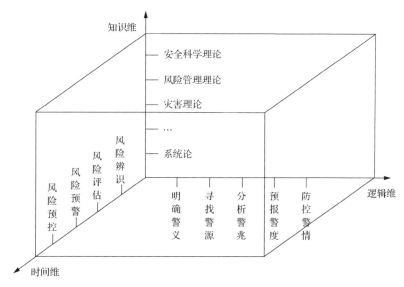

图 8-2　承压类特种设备社会风险预警三维结构体系

第二环节，寻找警源，是指寻找警情产生的根源，确定承压类特种设备社会风险的预警指标。基于系统论和风险管理理论，本环节通过对承压类特种设备典型事故案例及承压类特种设备社会风险演化机理的分析，研究确定可能导致承压类特种设备事故发生的根源。

第三环节，分析警兆，是指分析承压类特种设备社会风险状态突变的先兆，确定依据什么进行预警。根据事故致因理论可知，承压类特种设备事故大都要经历"萌芽—发展—临界—爆发—消退"的周期变化过程，每个周期都会存在不同于其他周期的自身特征状态属性，这些各不相同的特征状态属性就是承压类特种设备社会风险状态变化的警兆。

第四环节，预报警度，是承压类特种设备社会风险预警结果的直接体现，指通过各种预警信号给出承压类特种设备社会风险偏离安全状态或各等级标准的远近程度。风险管理人员可依据警度的不同采取相应的风险预控措施。

第五环节，防控警情，是指通过采取各种管理控制技术和措施对不可接受的承压类特种设备社会风险状态或等级进行控制的活动，是承压类特种设备社会风险预警的最终目的。

(2)时间维，表示的是承压类特种设备社会风险预警在时间上的先后顺序，包括风险辨识、风险评估、风险预警和风险预控四个阶段。

第一阶段，风险辨识，是承压类特种设备社会风险预警的首要阶段，通过采集相应的风险信息，分析系统中存在的各种风险，为评价系统或子系统的风险状态提供依据。

第二阶段，风险评估，是基于风险辨识的结果，采用定性、定量分析方法进行风险评估，确定承压类特种设备社会风险水平，如果在可接受范围内，则继续维持系统的安全、稳定运行，如果风险水平超出可接受范围，则要判断其偏离可接受范围的程度。

第三阶段，风险预警，即发出系统当前相应的风险警度。本阶段采用声音、信号等不同的提示手段，提醒相关人员注意。

第四阶段，风险预控，是在风险辨识、风险评估与风险预警的基础上，采取合理的控制措施和技术方法，以保证承压类特种设备社会风险水平始终可接受。

(3)知识维，是指成功实施承压类特种设备社会风险预警所依托的各种理论知识和技术方法等。

在以上三维结构体系的基础上，设计的承压类特种设备社会风险预警流程如图 8-3 所示。

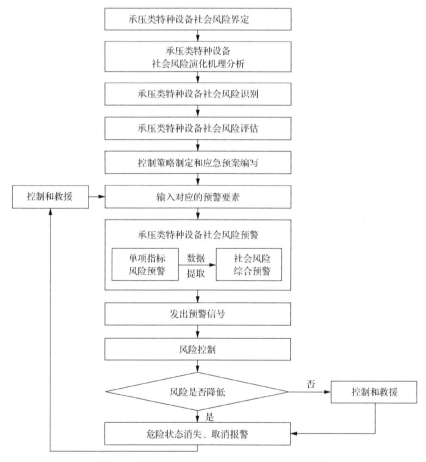

图 8-3　承压类特种设备社会风险预警流程图

四、风险预控

1. 承压类特种设备社会风险综合控制策略

进行社会风险评估，实施社会风险预警就是为了及时、有效地控制，并且社会风险控制是承压类特种设备风险管理的最终目的，所以制定了承压类特种设备社会风险的综合控制策略。

1) 加强监管队伍建设

政府监管部门对承压类特种设备的安全监督管理要依靠监管人员队伍实施，其中监管队伍是安全监管的中坚力量。面对设备数量快速增长，设备安全状况不容乐观的不利形势，政府监管部门加强监管人员队伍建设意义重大。监管人员的专业知识、能力水平和综合素质不仅会对监管效率和监管成本产生直接影响，而且监管人员一旦履责不力，或在实施监管行为时有任何负面行为的出现，将会产生不良的社会影响，损害政府监管部门的社会声誉，危及政府安全监管执法的权威性。

2) 完善动态监管体系

企业对安全投入的主动性与政府监管部门的监督成本呈负相关关系，即监管成本越高，企业不重视安全的可能性越大。控制承压类特种设备政府部门安全监管的成本不仅会对企业安全投入产生正效应，也体现了节约型社会和节约型政府的改革精神。完善承压类特种设备动态监管体系是控制政府安全监管成本，提高监管效能的有效手段。

3) 构建激励相容机制

激励相容机制允许并能够保证个体理性与集体理性的同时实现。对于承压类特种设备基于风险的监管而言，企业代表个体，政府代表集体，应分别建立有针对性的企业激励机制和政府监管部门的绩效评价体系。

2. 承压类特种设备社会风险分级控制策略

根据帕累托管理法则：80%～90%的大部分风险往往集中在 20%的那一小部分。针对承压类特种设备社会风险分级预警结果，实施社会风险分级控制，对于合理分配监管资源，实现最大化的设备安全具有重要意义。本节可通过完善社会风险分级标准体系，实施社会风险分级监管两个方面制定承压类特种设备社会风险分级控制策略。

1) 完善社会风险分级标准体系

不同设备类型、不同使用区域的承压类特种设备社会风险差别较大，应用范围和应用方法的不同也会对其产生直接影响，制定科学、合理、适用的社会风险分级标准具有重要意义，也是实施承压类特种设备社会风险分级预警预控的前提和关键。政府应组织相关人员，收集国际上关于社会风险分级标准、可接受标准的相关资料、数据，以我国其他安全生产领域的风险分级标准相关资料为依据，结合社会风险实际状况，研究确定承压类特种设备社会风险分级标准，完善我国的承压类特种设备社会风险分级标准体系。

2) 实施社会风险分级监管

分级监管可作为承压类特种设备社会风险管理的科学、合理控制策略。承压类特种设备的分级监管，不应仅仅局限于设备使用单位对高风险设备的重点管理，还应包括政府对高风险区域的重点监管，对监管检验资源的合理分配。进行分级监管，实施分级控制，可以实现在保证承压类特种设备安全的前提下，提高监管效率，节约监管成本，以最优的监管资源分配实现最大化的安全产出。

政府可根据分级预警结果，针对以上监管项目采取不同的监管策略，如对社会风险水平高的设备、企业、地区实施高级别监管，采取安全监察为主，自我管理为辅的监管方式；对社会风险水平低的实施低级别监管，采取自我管理为主，安全监察为辅的监管方式，适当降低监管频率和监管力度，定期进行一次全面检查，日常检查采取抽检的方式进行，充分鼓励并发挥该类型设备使用单位(区域)的安全管理机构和人员自我约束、自我管理的正效用。

五、基于风险的特种行政许可策略

1. 特种设备监管项目

依照设备生命周期，特种设备的监管项目见表 8-1。

表 8-1　监管项目

监管阶段	一级项目	二级项目
前期监管	行政许可	设计许可
		制造许可
		安装、改造、维修许可
		使用许可
		检验许可
	安装	设备登记
	试运行	全面检查
中期监管	使用	使用登记
		操作规程
	维修	维护保养
		修理

续表

监管阶段	一级项目	二级项目
中期监管	改造	
	检验检测	定期检验
		附件校验
		试验
后期监管	报废	
	资产处理	

2. 特种设备行政许可

特种设备行政许可是特种设备安全监察的重要组成部分，特种设备许可项目有 8 种：特种设备设计许可，特种设备制造许可，特种设备安装、改造、维修许可，气瓶充装许可，特种设备使用登记，特种作业人员考核，特种设备检验检测机构核准，特种设备检验检测人员考核。

概括起来，特种设备行政许可主要是对机构、人员、设备的许可。

(1)对机构的许可，即是对机构设置(条件、行为)的许可，包括对特种设备设计、制造、安装、改造、维修机构，以及气瓶充装机构设置许可审批，对特种设备检验检测机构设置核准等。

(2)对人员的许可，即对从事一定职业人员的资格、行为的许可，包括对特种设备作业人员和特种设备检验检测人员等技术人员的执业资格许可。

(3)对设备的许可，是以颁发设备使用登记证为形式的设备登记和使用许可，包含对锅炉、压力容器、电梯、起重机械等特种设备颁发准用证。

3. 基于风险的特种设备行政许可策略

对特种设备进行风险评估，依据风险等级，基于风险的特种设备行政许可策略可采用三种不同的许可策略，如表 8-2 所示。

表 8-2　基于风险的特种设备分类许可策略

设备分类	分类标识	定义	行政许可策略	释义
Ⅰ类	红色	高风险设备	复杂许可	提高许可条件及要求
Ⅱ类	橙色	中等风险设备	一般许可	按现行办法
Ⅲ类	黄色	低风险设备	简易许可	放宽许可条件及要求

行政许可的技术路线如图 8-4 所示。

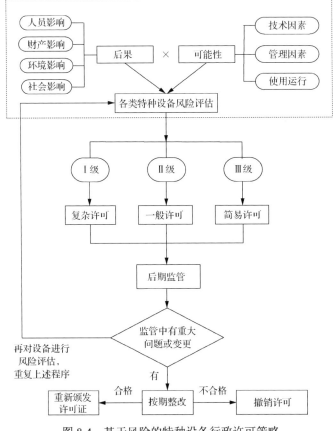

图 8-4　基于风险的特种设备行政许可策略

第二节　重大危险源安全风险管控

近年来，从法律到标准，从政府监管到企业防控，重大危险源的概念深入人心，受到了社会各主体的高度重视。对重大危险源的管控，全社会、各行业也是倾其所能。

一系列涉及重大危险源辨识、风险评价分级和控制的行业政策、标准陆续实施。例如，《危险化学品安全管理条例》、《危险化学品重大危险源辨识》（GB 18218—2018）、《水利水电工程施工危险源辨识与风险评价导则(试行)》及河北省地方标准《烟花爆竹、烟火药重大危险源辨识与分级》（DB13/T 2263—2015）等。这些政策、标准中大部分采用直接判定法进行辨识重大危险源，如给出了重大危险源清单；也并没有采用数学模型对重大危险源的风险进行定量评价，如《水利水电工程施工危险源辨识与风险评价导则(试行)》将重大危险源的风险等级直接评定为重大风险等级。综上，本节主要介绍危险化学品重大危险源的辨识、风险评价分级与控制。

一、重大危险源概述

重大危险源最早是由 20 世纪初工业高速发展的欧美国家提出,被称为"重大危险设施"(major hazard installations)。随着工业生产特别是化学品生产的大规模发展,重大工业事故的不断发生,预防和控制重大工业事故已成为各国经济和技术发展重点研究对象之一,并引起了国际社会的广泛关注。国际组织、国外政府颁布的一系列法律、法规,为我国重大危险源的辨识、评估工作奠定了依据。例如,1988 年国际劳工组织出版的《重大危险源控制手册》、2003 年欧共体颁布的最新版《塞韦索法令》等。

20 世纪 90 年代初,我国开始重视对重大危险源的辨识、评价和宏观控制决策方面的研究。"重大危险源的评价和宏观控制技术研究"、"矿山重大危险源辨识评价技术"分别被列入国家"八五"、"九五"科技攻关计划;2000 年 9 月,国务院办公厅文件《国有大中型企业建立现代企业制度和加强管理的基本规范(试行)》〔国办发〔2000〕64 号〕第 58 条要求企业"对重大危险源进行评估和监控,并制定应急预案";"十五"期间,开展了《重大危险源安全规划与应急预案编制技术》研究;2009 年,国家标准《危险化学品重大危险源辨识》(GB 18218—2009)发布实施;2011 年,原国家安全生产监督管理总局颁布《危险化学品重大危险源监督管理暂行规定》;2014 年版《中华人民共和国安全生产法》中的"预防为主"方针要求把安全生产工作的重心放在预防上,强调风险预警,在事故发生前加强对重大危险源进行监控预警,从源头上控制、预防和减少生产安全事故;《安全生产"十三五"规划》指出,制定安全风险辨识与管理指南,完善重大危险源登记建档、检测、评估、监控制度;"十三五"时期要在煤矿、非煤矿等 17 个重点领域、重点区域、重点部位、重点环节和重大危险源采取有效的技术、工程和管理控制措施,加快构建风险等级管控、隐患排查治理两条防线;2016 年 10 月,原国家安全生产监督管理总局决定在天津、福建等 9 个省(区、市)开展危险化学品重大危险源在线监控及事故预警系统建设试点工作;2019 年,国家市场监督管理总局颁布的新版国家标准《危险化学品重大危险源辨识》正式实施。

1. 重大危险源定义

2014 年版的《中华人民共和国安全生产法》将重大危险源定义为长期地或者临时地生产、搬运、使用或者储存危险物品,且危险物品的数量等于或者超过临界量的单元(包括场所和设施)。此处的危险物品,是指易燃易爆物品、危险化学品、放射性物品等能够危及人身安全和财产安全的物品。

《危险化学品重大危险源辨识》将重大危险源定义为长期地或临时地生产、储存、使用和经营危险化学品,且危险化学品的数量等于或超过临界量的单元。

此处的危险化学品指具有毒害、腐蚀、爆炸、燃烧、助燃等性质，对人体、设施、环境具有危害的剧毒化学品和其他化学品；单元意指涉及危险化学品的生产、储存装置、设施或场所，分为生产单元和储存单元；临界量是指某种或某类危险化学品构成重大危险源所规定的最小数量。

2. 重大危险源的分类

《危险化学品重大危险源辨识》将危险化学品重大危险源分为生产单元危险化学品重大危险源和储存单元危险化学品重大危险源。其中生产单元指的是危险化学品的生产、加工及使用等的装置及设施，当装置及设施之间有切断阀时，以切断阀作为分隔界限将其划分为独立的单元；而储存单元指的是用于储存危险化学品的储罐或仓库组成的相对独立的区域，储罐区以罐区防火堤为界限将其划分为独立的单元；仓库以独立库房(独立建筑物)为界限将其划分为独立的单元。

3. 重大危险源的法律法规要求

《中华人民共和国安全生产法》第三十七条规定："生产经营单位对重大危险源应当登记建档，进行定期检测、评估、监控，并制定应急预案，告知从业人员和相关人员在紧急情况下应当采取的应急措施。生产经营单位应当按照国家有关规定将本单位重大危险源及有关安全措施、应急措施报有关地方人民政府安全生产监督管理部门和有关部门备案。"

《国务院关于进一步加强安全生产工作的决定》要求："搞好重大危险源的普查登记，加强国家、省(区、市)、市(地)、县(市)四级重大危险源监控工作，建立应急救援预案和生产安全预警机制。"

《危险化学品安全管理条例》第二十五条规定："储存危险化学品的单位应当建立危险化学品出入库核查、登记制度。对剧毒化学品以及储存数量构成重大危险源的其他危险化学品，储存单位应当将其储存数量、储存地点以及管理人员的情况，报所在地县级安监部门(在港区内储存的，报港口部门)和公安机关备案。"

《危险化学品重大危险源监督管理暂行规定》对重大危险源辨识、分级、备案、监控和应急管理等均作了详细规定。

二、重大危险源的辨识

目前，我国的重大危险源管理制度主要针对危险化学品的重大危险源，其范畴根据《危险化学品重大危险源辨识》确定。危险化学品重大危险源辨识流程如图 8-5 所示。

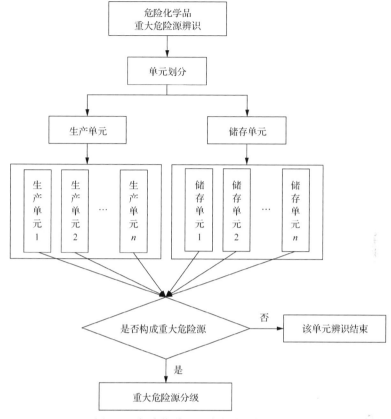

图 8-5　危险化学品重大危险源辨识流程

由危险化学品重大危险源辨识流程可知,判断危险源是否构成了重大危险源是重大危险源风险管控的关键一步。《危险化学品重大危险源辨识》(GB 18218—2018)给出了这样的判断标准,具体为如果生产单元、储存单元内存在危险化学品的数量等于或超过国标中规定的临界量,即被定为重大危险源。单元内存在的危险化学品的数量需要根据危险化学品种类的多少来考虑,有两种情况。

(1)生产单元、储存单元内存在的危险化学品为单一品种时,该危险化学品的数量即为单元内危险化学品的总量,若等于或超过相应的临界量,即为重大危险源。

(2)生产单元、储存单元内存在的危险化学品为多品种时,若满足下式,即为重大危险源:

$$S = \frac{q_1}{Q_1} + \frac{q_2}{Q_2} + \ldots + \frac{q_n}{Q_n} \geqslant 1 \tag{8-4}$$

式中,S 为辨识指标;$q_1,q_2,\cdots,q_n$ 为每种危险化学品的实际存在量,t;$Q_1,Q_2,\cdots,Q_n$ 为与每种危险化学品相对应的临界量,t。

对于满足以上两种情况下的重大危险源,应当进行重大危险源的风险评价分级。但在实际操作时，有的危险源可能达不到上述重大危险源条件，这时企业可以采用将 S 值折半的方法将危险源降级管理，如按表 8-3 的值量分级进行危险源管理。

表 8-3 简单辨识分级表

辨识指标 S	重大危险源等级
S≥1	A 级危险源
0.5≤S<1	B 级危险源
0.25≤S<0.5	C 级危险源

三、重大危险源的风险评价分级

重大危险源评价分级主要为了便于政府和企业对重大危险源进行分级控制。对于重大危险源的分级研究，起步较早的欧美国家取得了有效的成绩。随着重大危险源评估的研究进展，亚洲国家也开始了重大危险源分级工作，印度、印度尼西亚、马来西亚、巴基斯坦等国也都积极开展了重大危险源安全管理工作，有的国家还建立了国家级重大危险源管理系统。

常用的评价分级方法主要有两类：一种是分级标准不变或分级结果不随参加分级的危险源数目多少而变化，即危险源静态分级方法；另一种是危险源数目发生变化或分级的标准是可变的或两者皆可变，即危险源动态分级方法。国外通常根据临界量将重大危险源分为两级，如欧盟《塞韦索法令 II》将重大危险源分为低级（lower tier）和高级（upper tier）。2011 年由原国家安全生产监督管理总局颁布的《危险化学品重大危险源监督管理暂行规定》是我国最新的分级规定方法，要求对重大危险源进行分级，由高到低分为四个级别，一级为最高级别。

在我国，实际生产活动中最常用的重大危险源风险评价分级方法是校正比值求和法。该分级方法引入了各危险化学品危险性相对应的校正系数 β，以及重大危险源单元外暴露人员的校正系数 α。根据《危险化学品重大危险源监督管理暂行规定》和《危险化学品重大危险源辨识》，该方法采用单元内各种危险化学品实际存在量与其相对应的临界量比值，再经校正系数校正后的比值之和 R 作为分级指标，并以 R 为依据来确定危险化学品重大危险源的级别。

重大危险源的分级指标按下式计算。

$$R = \alpha \left(\beta_1 \frac{q_1}{Q_1} + \beta_2 \frac{q_2}{Q_2} + ... + \beta_n \frac{q_n}{Q_n} \right) \tag{8-5}$$

式中，R 为重大危险源分级指标；α 为该危险化学品重大危险源厂区外暴露人员的校正系数；$\beta_1, \beta_2, \cdots, \beta_n$ 为与每种危险化学品相对应的校正系数；$q_1, q_2, \cdots, q_n$ 为每种危险化学品实际存在量，t；$Q_1, Q_2, \cdots, Q_n$ 为与每种危险化学品相对应的临界量，t。

β 的引入，主要是需要对毒性气体、爆炸品、易燃气体以及其他危化品在危险性方面的差异进行不同对待。α 的引入是因为重大危险源发生事故后会对周围的环境产生影响，周围露出的人员越多，那么事故的危害就越大，其 α 值就越大，最终会导致更高的重大危险源级别。β 及 α 的取值参考《危险化学品重大危险源辨识》。

最后，该方法根据计算出来的 R 值，按表 8-4 确定危险化学品重大危险源的级别。

表 8-4　重大危险源级别和 R 值的对应关系

重大危险源级别	R 值
一级	$R \geqslant 100$
二级	$100 > R \geqslant 50$
三级	$50 > R \geqslant 10$
四级	$R < 10$

四、重大危险源的风险控制

重大危险源辨识和评价分级后，应采取有效的监控和管理措施。《中华人民共和国安全生产法》要求生产经营单位对重大危险源应当登记建档，进行定期检测、评估、监控，并制定应急预案，告知从业人员和相关人员在紧急情况下应当采取的应急措施。《危险化学品重大危险源监督管理暂行规定》对重大危险源的备案、监控和应急管理等均作了详细规定。

企业首先要对重大危险源进行辨识和评价，在此基础上，应对每一个重大危险源，制定出一套严格的安全管理制度，通过安全技术措施(包括设施的设计、建造，安全监控系统的维修以及有关计划的检查)和组织措施(包括对人员的培训与指导，提供保证其安全的设施，工作人员的技术水平、工作时间、职责的确定，以及对外部合同工和现场临时工的管理)，对重大危险源进行严格风险控制；设置重大危险源监控系统，进行日常监控，并按照有关规定向所在地安全监管部门备案，重大危险源安全监控系统应符合《危险化学品重大危险源安全监控通用技术规范》(AQ 3035—2010)的技术规定；收集重大危险源的空间分布、运行状况以及社会安全形势等有关信息，对可能引起突发事件的各种因素进行严密的监测，搜集有关风险和突发事件的资料，及时掌握风险和突发事件变化的第一手信息，为科学预警和及时采取有效措施提供重要信息基础；将监控中心(室)视频监控资料、数据监控系统状态数据和监控数据与有关监管部门监管系统进行联网。

企业和各级政府都应针对重大危险源制定有效的应急预案。制定应急预案的目的是抑制突发事件，尽量减少事故对人、财产和环境的危害。应急预案应提出详尽、实用、明确和有效的技术措施与组织措施。

第三节　移动式危险源风险管控

目前，在我国安全生产领域，危险源或重大危险源已经有明确的定义，可移动危险源或可移动重大危险源是指可以借助于某种运载工具在陆路、水路或空中进行异地移动的危险源或重大危险源。这些可移动危险源可能对国家财产和人员生命造成极大的威胁。如果对这些可移动危险源进行有效的风险管控，既可有效减少事故发生，又可减少事故的损失。

一、移动式危险源宏观安全风险理论模型

1. 安全状态参数

安全状态参数(safety state parameter)是指定量描述宏观安全风险各类影响因素在特定时间尺度和空间范围内客观状态的安全风险表征量，如表 8-6 所示。

图 8-6　安全状态参数示意图

2. 逻辑分析模型

$$\mathrm{MR} = f(P, L, S) = P \times L \times S \tag{8-6}$$

式中，MR 为宏观安全风险，即风险源可能导致的不安全事件或事故灾害的可能性、严重性、敏感性的函数；P 为可能性，即不期望事件发生的可能性，概率函数；L 为严重性，即不期望事件可能的后果严重度，后果函数；S 为敏感性，即不期望事件发生的时间、空间或系统的影响敏感程度，敏感性函数。

其中，

概率函数：

$$P = f(\text{人因，物因，环境因素，管理因素})$$

后果函数：

$$L = f(\text{人员影响，财产影响，环境影响，社会影响})$$

敏感性函数：

$$S = f(\text{时间敏感，空间敏感，系统敏感})$$

3. 数学分析模型

$$\mathrm{MR} = \iiint_A P(x, y, z) L(x, y, z) S(x, y, z) \tag{8-7}$$

式中，$P(x,y,z)$为空间(x,y,z)的可能性函数公式；$L(x,y,z)$为空间(x,y,z)的严重度函数公式；$S(x,y,z)$为空间(x,y,z)的敏感性函数公式；A为宏观安全风险的目标空间。

4. 统计分析模型

$$MR = [P][M] \cdot [L][N] \cdot [S][A] \tag{8-8}$$

式中，$[P]$为风险可能性状态参数评价指标集；$[L]$为风险严重性状态参数评价指标集；$[S]$为风险敏感性状态参数评价指标集；$[M]$为风险可能性状态参数权重矩阵，$[M]=[m\_i]^T, i=1, 2, \cdots, m$；$m\_i$为第$i$个可能性状态参数的权重，$m$为可能性状态参数的个数。$[N]$为风险严重性状态参数权重矩阵，$[N]=[n\_j]^T, j=1, 2, \cdots, n$；$n\_i$为第$j$个严重性状态参数的权重，$n$为严重性状态参数的个数。$[A]$为风险敏感性状态参数权重矩阵，$[A]=[a\_k]^T, k=1, 2, \cdots, a$；$a\_i$为第$k$个敏感性状态参数的权重，$a$为敏感性状态参数的个数。

二、移动式危险源宏观安全风险预警方法

1. 单台设备风险预警

1) 移动式危险源宏观安全风险预警指标体系构建

在进行移动式危险源实时风险分级评价时，如何选取评价指标是至关重要的。根据相关规范标准，如《危险货物道路运输安全管理办法》、《移动式压力容器安全技术监察规程》（TSG R005—2011）、《机动车运行安全技术条件》（GB 7258—2017）等，以及基于事故的统计分析和专家经验选出了 56 个关于移动式危险源的初始参数，然后，应用云模型进行相关性分析，筛选出 29 个安全状态参数。

该方法将安全状态参数进行筛选、归类、合并、指标化处理后，保留各项指标，根据其性质分类，可分为可能性指标、严重性指标和敏感性指标三类（图 8-7 和表 8-5），再将各项指标的评价标准根据法规标准规定划分为 4 个等级，最终构建出移动式危险源风险预警指标体系。

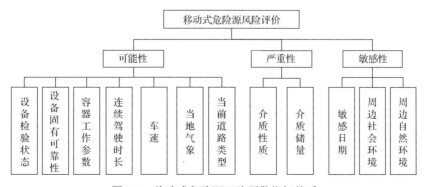

图 8-7 移动式危险源风险预警指标体系

表 8-5 风险预警指标评价方法

数据类型	编号	指标	评价标准				依据
			IV级（1分）	III级（2分）	II级（3分）	I级（4分）	
可能性	1	设备检验状态	检验期内	—	逾期未检		《危险货物道路运输安全管理办法》
	2	设备固有可靠性	(1) 长管拖车为三排轮且爆破片与安全阀组合 (2) 深冷罐车为主安全阀和辅助安全阀或爆破片的组合		(1) 长管拖车为二排轮且有爆破片，或两排轮且爆破片与安全阀组合	(1) 长管拖车为两排轮且只有安全阀 (2) 深冷罐车只有一个主安全阀	专家意见、《移动式压力容器安全技术监察规程》（TSG R0005—2011）、《冷冻液化气体汽车罐车》（NB/T 47058—2017）
	3	容器工作参数	(1) 长管拖车内部温度小于40℃ (2) 天然气泄漏浓度不超过10%LEL (3) 深冷罐车内部温度未超过设计温度 (4) 当罐车内容器容积 $V \le 10m^3$ 时，夹层真空度≤0.05Pa（粉末绝热）或≤0.08Pa（多层绝热）；当罐车内容器容积 $V > 10m^3$ 时，夹层真空度≤3Pa（粉末绝热）或≤0.08Pa（多层绝热）	(1) 长管拖车内部温度50~60℃ (2) 天然气泄漏浓度大于20%LEL不超过30%LEL		(1) 长管拖车内部温度大于60℃ (2) 天然气泄漏浓度大于30%LEL (3) 深冷罐车内部温度超过设计温度 (4) 当罐车内容器容积 $V \le 10m^3$ 时，夹层真空度>2Pa（多层绝热）或>0.05Pa（粉末绝热）；当罐车内容器容积 $V > 10m^3$ 时，夹层真空度>3Pa（粉末绝热）或>0.08Pa（多层绝热）	《移动式压力容器安全技术监察规程》（TSG R0005—2011）、《冷冻液化气体汽车罐车》（NB/T 47058—2017）、《可燃、有毒气体报警器设计规范》
	4	连续驾驶时长	(1) 白天连续行驶<4小时； (2) 夜晚连续行驶<2小时	(1) 白天连续行驶4~4.5小时； (2) 夜晚连续行驶2~2.5小时	(1) 白天连续行驶4.5~5小时； (2) 夜晚连续行驶2.5~3小时	(1) 白天连续行驶超过5小时； (2) 夜晚连续行驶超过3小时	《道路交通安全法实施条例》、《国务院关于加强道路运输安全工作的意见》
	5	车速	(1) 高速公路上不超过规定时速 (2) 其他道路不超过规定时速 (3) 不超过车辆设计时速	(1) 高速公路上超过规定时速但未达10% (2) 其他道路超过规定时速但未达20% (3) 超过车辆设计时速但未达5%	(1) 高速公路上超过规定时速10%~20% (2) 其他道路超过规定时速20%~50% (3) 超过车辆设计时速5%~10%	(1) 高速公路上超过规定时速20% (2) 其他道路超过规定时速50% (3) 超过车辆设计时速10%	《危险货物道路运输安全管理办法》第四十五条、《机动车驾驶证申领和使用规定》（2018）

续表

数据类型	编号	指标	评价标准				依据
			IV级（1分）	III级（2分）	II级（3分）	I级（4分）	
可能性	6	当地气象	(1)雾 (2)小到中雨（降水量10～14.9mm）(3)平均风5～6级或阵风（8.0～13.8m/s或17.1m/s）(4)小雪或雨夹雪 (5)正常天气	(1)大雾 (2)中雨（降水量15～29.9mm）(3)平均风7级（13.9～17.1m/s或17.2～20.7m/s）(4)中雪	(1)浓雾 (2)大雨（降水量30.0～49.9mm）(3)平均风8级或阵风9～10级（17.2～20.7m/s或20.8m/s～28.4m/s）(4)大雪	(1)重雾 (2)暴雨/大暴雨/特大暴雨（降雨水量50.0～99.9mm/100～250.0mm/超过250mm）(3)平均风≥9级（≥20.8m/s或28.5m/s）(4)暴雪	《高速公路交通气象条件等级》
严重性	7	当前道路类型	普通路段（1分）			特殊路段（4分）	事故统计分析及《公路交通标志和标线设置规范》
	8	介质性质	非易燃无毒	—	易燃	有毒	《危险货物国际道路运输欧洲公约》(ADR)、《压力容器定期检验规则》第七条、《移动式压力容器安全技术监察规程》(TSG R0005—2011)《危险货物分类和品名编号》(GB 6944—2012)
	9	介质储量	(1)长管拖车0～0.5t (2)深冷罐车留有气相空间大于5%	(1)长管拖车0.5～1t (2)深冷罐车留有气相空间3%～5%	(1)长管拖车1～1.5t (2)深冷罐车留有气相空间1%～3%	(1)长管拖车0.5～1t (2)深冷罐车留有气相空间小于1%	《长管拖车技术参数》、《移动式压力容器安全技术监察规程》(TSG R0005—2011)
敏感性	10	敏感时期	未处于节假日高峰期及重大活动期间（1分）	未处于节假日高峰期及重大活动期间（1分）	未处于节假日高峰期及重大活动期间	处于节假日高峰期及重大活动期间（4分）	《基于风险分级的道路限速设计方法研究》
	11	周边社会环境	农业区	农业区、商业区	居民区、行政办公区、交通枢纽区	科技文化区、文物保护区、幼儿园、养老院等老人小孩聚集区	《危险货物道路运输安全管理办法》《道路危险货物运输应急预警方法研究》
	12	周边自然环境	(1)每公里范围内不存在水源地保护区、自然保护区（1分）(2)每公里范围内运输介质无强氧化性、腐蚀性无毒性（1分）	(1)每公里范围内存在水源保护区或自然保护区 (2)每公里范围内运输介质无强氧化性、腐蚀性或者有毒性（1分）	每公里范围内存在工业区	(1)每公里范围内存在水源保护区、文物保护区、自然保护区 (2)运输介质具有强氧化性、腐蚀性或者有毒性（4分）	《道路危险货物运输应急预警方法研究》

2) 移动式危险源实时风险预警评价分级标准

基于移动式危险源实时风险预警理论模型及权重，可得移动式危险源实时风险预警分级模型。

$$R = \sum_{i=1}^{n} d_i \omega_i \cdot \sum_{j=1}^{m} d_j \omega_j \cdot \sum_{k=1}^{l} d_k \omega_k \tag{8-9}$$

式中，R 为风险分值；d 为风险指标分值；ω 为风险指标对应的权重。

通过风险评价模型得出风险值 R 后，该移动式危险源的风险等级即可根据移动式危险源实时风险分级标准得到，见表8-6。

表8-6 移动式危险源实时风险分级标准

风险等级	IV级风险 (一般风险)	III级风险 (较大风险)	II级风险 (重大风险)	I级风险 (特大风险)
风险值 R	1.0~8.0	8.0~15.6	15.6~27.0	27.0~64.0
比例/%	20	30	30	20

2. 多台(套)移动式危险源区域风险预警

为了对危化品运输区域实行科学的、有针对性的安全监管，需要采用适当的方法评价区域的风险水平。以往对危化品运输车进行风险评价时，评价对象均为单台车辆，评价指标多是从人、路、环等方面出发，风险评价指标体系和层次结构模型也是在此基础上建立，并且具体到不同种类的设备，其评价指标也是不同的。当对某一危化品运输车区域进行宏观安全风险评价时，不应再着眼于某辆危化品运输车的某个具体影响因素，应该从宏观角度出发，以不同危化品运输车实时风险值为基础，得到该区域实时风险水平。对某些区域(如路段单元)进行安全风险评价，需要建立危化品运输区域风险评价模型，以该模型来衡量危化品运输时该区域的风险水平，并以此来采取相应的管控措施，有效遏制事故的发生。

前人研究区域风险时，多是将区域内危险源的风险强度、周边环境的脆弱性等进行耦合，进而得到该区域内局部的风险分布状况，且研究多是基于历史统计数据，得到的是统计型的区域风险分布，无法做到实时风险的计算、分级及风险预警。故以单台危化品运输车实时风险值为基础，得到区域实时风险值，进而得到该区域风险等级，以此来衡量区域的风险水平。在单台危化品运输车实时风险预警模型中，已经将危化车辆的风险强度、周边环境脆弱性以及人口密度等因素作为指标，将其影响反映到了实时风险值中，且研究内容为区域宏观安全风险，为区域风险计算机软件系统开发提供理论指导，考虑到系统开发的实现，因此用危化车辆的实时风险值累加来衡量该区域宏观安全水平。

根据区域内各危化品运输车的实时风险值，计算危化品运输车区域实时风险值，建立区域风险预警模型。

$$R_{\mathrm{d}} = \sum_{i}^{n} R_{ei} \tag{8-10}$$

式中，R_{d} 为区域的实时风险值；n 为区域内危化品运输车的数量；R_{ei} 为该区域内第 i 辆危化品运输车的实时风险值。

1）路段单元的划分

该方法在对区域进行宏观安全风险评价时，首先要确定评价区域的范围。以路段单元为例，进行路段单元区域宏观安全风险预警评价，将道路划分为路段单元需要按照一定的逻辑方法，其划分依据的合理性将影响到风险预警模型的预警效果及相应的风险管控措施的效果。

对路段单元进行实时风险预警时，道路上的每一点不可能都进行风险计算并对其进行风险管控，因此要按照一定的方法对道路进行分段，对每个路段单元分别进行风险评价，以便针对不同风险等级的路段采取相匹配的监管措施。

路段的划分主要有三种方法，第一种是等距离划分法，将一条路按照路程总长度等距离划分为 n 段，每段长度一样，划分简单，有利于统计分析计算，但有可能每个路段单元内道路特征、周边环境都不同；第二种是功能划分法，依照路段特征，将具有相同道路特征、相似周边环境的划分为一段，如一个弯道为一个路段，途经居民区的道路为一个路段，但有时可能会造成路段长度过长，达不到分段进行安全监管的目的；第三种是结合前两种方法，综合考虑路段长度和道路特征，划分路段单元，更有利于风险评价及安全监管工作的开展。

考虑道路特征时，依据不同的用途及需要，可以按照不同的方法进行划分，研究成果主要供安全监管人员使用。从监管角度出发，综合考虑易发生事故道路类型，此时道路特征主要是指弯道、桥梁、长下坡、隧道、普通道路。在考虑路段单元长度时，路段的长度会直接影响路段单元的实时风险评价结果，如果长度过长，则无法反映道路风险的真实情况，长度过短则会造成路段单元数量过多，不利于监管人员从宏观角度把握风险状态，采取有针对性的监管措施。综合专家意见及课题组内部成员讨论，路段单元的长度为 1km。

因此，建议按照以下方法划分路段单元：首先以道路特征为主进行路段单元划分，分为弯道、桥梁、长下坡、隧道、普通道路五大特征路段，然后结合路段单元长度，特征路段内部以 1000m 为单位划分为路段单元，其中，不足 500m 的与相邻路段单元合并为一个路段单元，超过 500m 不足 1000m 的部分单独划分为一个路段单元，如图 8-8 所示。

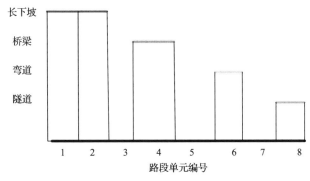

图 8-8　路段单元划分示意图

2) 路段单元的实时风险预警分级

为了验证上述危化品运输车区域风险预警模型的合理性，本节选取了示范道路进行演示计算，根据计算得到的各路段单元的实时风险值，结合 ALARP 原则，最后划分危化品运输车区域实时风险的预警等级。

当路段单元上不存在危化品运输车时，根据危化品运输车区域风险预警模型，其风险值为 0。路段单元上存在危化品运输车时，根据监管匹配原理及 ALARP 原则，将前 20%风险值的路段单元划分为 I 级风险，20%～50%的划分为 II 级风险，剩余 50%划分为III级风险，路段单元风险值为 0 的划分为IV级风险，分级标准如表 8-7 所示。

表 8-7　路段单元实时风险预警分级标准

风险等级	IV级风险 （一般风险）	III级风险 （较大风险）	II级风险 （重大风险）	I级风险 （特大风险）
风险值 R_d	0	$0 < R_d \leqslant 7$	$7 < R_d \leqslant 10$	$R_d > 10$

三、移动式危险源宏观安全风险预警信息平台

1. 风险地图展示

为了提高安全监管人员的监管水平，直观、快速地掌握实时风险状态，避免从表格或大量文字中筛选风险状态信息而浪费时间，本系统设计了风险地图展示模块，将实时风险信息以不同颜色表示，将其在地图上展示给用户。该模块通过百度地图开放平台(http://lbsyun.baidu.com/)提供的 API 在系统界面引入百度地图，并根据其开发文档构建地图应用，以实现系统所需的风险状态展示及风险预警等功能。

1) 设备风险地图展示

该部分主要功能为危化品运输车实时风险状况的展示。系统后台获取各危化品运输车的相关指标参数信息并经风险预警模型计算出车辆风险等级等信息后，将数据以 json 格式传输给应急平台，平台解析出其中车辆的位置和风险等级信息

并在构建的百度地图上展示。

当前运行设备的总数量以及各风险等级设备的数量，可以在界面边框中实时显示；当需要查询指定车辆的风险等级状况时，在界面的搜索框中输入指定的车辆的车牌号，即可在地图上标定该车的位置及显示该车的风险等级信息，如图8-9所示。

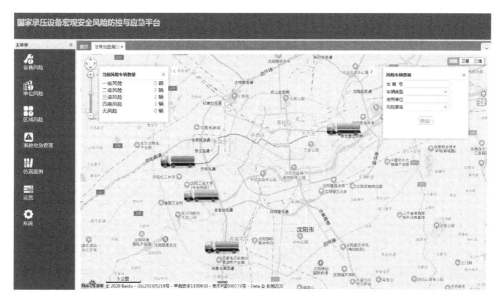

图 8-9　设备风险展示图

在地图上，设备以车辆图标的形式来表示，不同的图标颜色代表不同风险等级的设备，红色代表Ⅰ级风险设备，橙色代表Ⅱ级风险设备，黄色代表Ⅲ级风险设备，蓝色代表Ⅳ级风险设备。

2)路段单元风险地图展示

该部分主要功能为危化品运输过程中路段单元的实时风险状况的展示。系统获取危化品运输车的实时风险值并依据危化品运输车区域风险预警模型计算得到各路段单元实时风险等级等信息后，在地图中展示路段单元的实时风险等级信息，如图8-10所示。

在地图上，路段单元实时风险等级以不同颜色表示，其中Ⅰ级风险以红色表示，Ⅱ级风险以橙色表示，Ⅲ级风险以黄色表示，Ⅳ级风险以蓝色表示。

2. 历史数据分析模块

在风险预警系统运行一段时间以后，后台数据库会积累大量历史风险数据，以这些数据为基础，通过数据统计、建模、计算、分析，分别建立设备风险指数模型、企业风险指数模型以及路段单元风险指数模型，以风险指数来定量地表示生产安全状态，在一定程度上反映设备、企业以及路段单元在某一时期内的安全

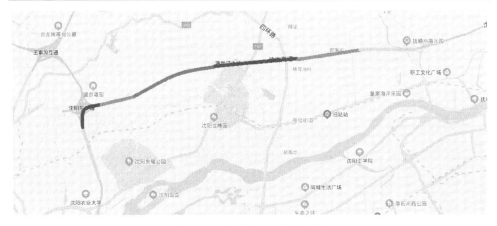

图 8-10　路段单元风险展示图

状态。该模块对一定时期内的设备、企业以及路段单元进行风险数据分析，以识别整体安全运行状况，为提高安全监管部门监管水平、加强企业内部考核管理以及提升司机安全水平提供依据。

1) 设备风险指数模型

由于在一定时期内，同一辆危化品运输车行驶里程越长，累计的风险值越大；同样地，危化品运输车运行时间越长，则其累计的风险值越大。因此，为了获取设备在一定时期内的安全运行状况，针对其进行风险统计分析时，考虑到行驶里程以及运行时间的影响，本节分别设计了相对于行驶里程的风险指数模型 R_{e1} 和相对于设备运行时长的风险指数模型 R_{e2}，见式(8-11)和式(8-12)。

$$R_{e1} = \frac{\sum R_i}{\sum s} \tag{8-11}$$

式中，R_{e1} 为设备风险指数(每公里行驶里程)；R_i 为设备处于 i 级风险的得分；s 为每次运输所行驶的里程，km。

$$R_{e2} = \frac{\sum R_i}{\sum t_i} \tag{8-12}$$

式中，R_{e2} 为设备风险指数(每分钟运行时长)；R_i 为设备处于 i 级风险的得分；t_i 为每次运行时长，min。

为了识别经常处于高风险的指标，本节提出预警指标贡献度的概念，来反映指标在导致设备高风险中起了多大的作用，如图 8-11 和图 8-12 所示。每个指标得分的累积值即为该指标的预警贡献度，值越大，则意味着该指标处于高风险等级的次数越多，从而有利于安全管理人员针对该指标采取相应的措施来降低风险水平。

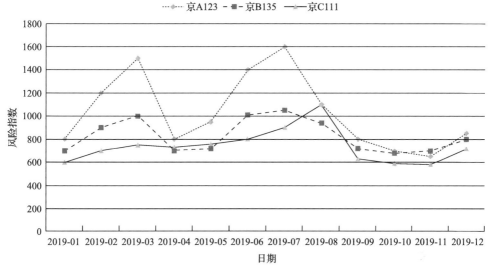

图 8-11　设备风险指数(每公里行驶里程)图

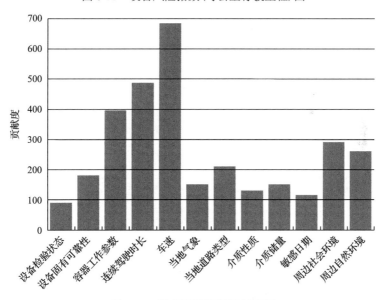

图 8-12　设备预警指标贡献度图

2) 企业风险指数模型

企业所拥有的危化品运输车的数量越多,其行驶里程越长,运行时间越长,则其在一定时期内的累计风险值越大,因此衡量企业一定时期内的安全状况时,考虑到企业拥有的危化品运输车数量对于企业风险指数的影响,本节分别设计了平均每台设备每小时运行时间风险的风险指数模型 R_{m1} 和平均每台设备每公里行驶里程风险的风险指数模型 R_{m2} ,见式(8-13)和式(8-14)。

$$R_{m1} = \frac{\sum R_i}{n\sum t_i} \tag{8-13}$$

式中，R_{m1} 为企业风险指数(平均每台设备每小时运行时间风险)；R_i 为设备处于 i 级风险的得分；t_i 为每次驾驶时长，分；n 为该企业所有设备的数量。

$$R_{m2} = \frac{\sum R_i}{n\sum s} \tag{8-14}$$

式中，R_{m2} 为企业风险指数(平均每台设备每公里行驶里程风险)；R_i 为设备处于 i 级风险的得分；s 为每次运输物质质量，kg；n 为该企业所有设备的数量。图 8-13 为 A、B、C 三企业风险指数示意图。

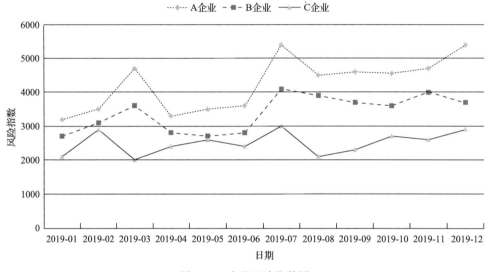

图 8-13　企业风险指数图

3) 路段单元风险指数模型

为了分析路段单元在某一时期内的安全状况，对该路段单元在该时期内的实时风险值进行累加，考虑到划分路段单元时存在长度不同的情况，本节设计了相对于路段单元长度的风险指数模型，见式(8-15)。

$$R_l = \frac{\sum R_i}{l} \tag{8-15}$$

式中，R_l 为路段单元风险指数；R_i 为路段单元处于 i 级风险的得分；l 为路段单元的长度，km。图 8-14 为路段单元风险指数示意图。

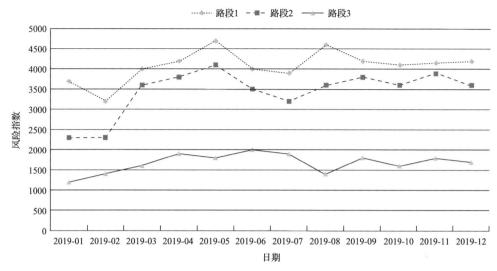

图 8-14　路段单元风险指数图

本节以设备风险指数模型、企业风险指数模型以及路段单元风险指数模型为基础，通过风险指数值定量地统计分析设备、企业以及路段单元在某一时期内的安全运行状况，将结果以折线图的形式展示，其中横坐标为统计分析的日期时间，纵坐标为风险指数值。本节通过折线的变化趋势，分析过去的风险状况，预测将来的风险水平，为下一步的安全监管工作提供依据。

通过设备风险指数模型得到设备风险指数折线图，这样既可以比较同一设备不同时期风险水平，也可以比较同一时期不同设备的风险水平，从而得到设备处于高风险时期和长期处于较高风险水平的设备。政府监管部门以此为依据，辨识高风险设备和时期，针对高风险设备实行重点监控，针对高风险时期加强安全监管。本节将一定时期内的每个指标的风险值累加得到指标贡献率图，通过指标贡献率图，分析长期处于高风险的指标，分析其原因，从而采取有针对性的措施降低风险。企业以此为依据进行安全绩效考核，针对高风险设备进行重点检查及维护，分析设备运行记录，识别驾驶人员不良驾驶习惯，进而针对其薄弱点进行精准培训，激励安全驾驶行为养成。

通过企业风险指数模型得到企业风险指数折线图，这样既可以比较同一企业不同时期风险水平，也可以比较同一时期不同企业的风险水平，从而得到企业处于高风险的时期和长期处于较高风险水平的企业。政府监管部门以此为依据，辨识高风险企业和时期，针对高风险企业实行重点监控，针对高风险时期加强安全监管。企业以此为依据进行自检，掌握企业自身风险状况，有针对性地排查安全隐患，提高安全水平。

通过路段单元风险指数模型得到路段单元风险指数折线图，这样既可以比较同一路段单元不同时期风险水平，也可以比较同一时期不同路段单元的风险水平，从而得到路段单元处于高风险的时期和长期处于较高风险水平的路段单元。政府监管部门以此为依据，辨识高风险路段单元和时期，针对高风险路段单元实行重点监控，针对高风险时期加强安全监管，必要时可以采取道路限行等措施降低风险水平。企业以此为依据，在运输路线规划时考虑选择风险指数较低的路线以降低运输风险，当危化品运输车行驶在高风险路段时提醒运输人员提高安全意识，以提升安全水平。

参 考 文 献

陈宝智. 2011. 系统安全评价与预测. 北京: 冶金工业出版社.

陈钢, 宋继红, 陶雪荣. 2007. 21 世纪特种设备安全科技发展战略. 北京: 国防工业出版社.

丁克勤, 胡斌, 葛森. 2004. 特种设备安全检测技术现状与发展趋势. 宁波: 第九届全国无损检测新技术学术研讨会.

丁守宝, 刘富君. 2008. 我国特种设备检测技术的现状与展望. 中国计量学院学报, 19(4): 304-308+324.

樊运晓, 罗云. 2009. 系统安全工程. 北京: 化学工业出版社.

付贵. 2013. 安全管理学. 北京: 化学工业出版社.

郝贵. 2012. 煤矿安全风险预控管理体系. 北京: 煤炭工业出版社.

何学秋. 2000. 安全工程学. 徐州: 中国矿业大学出版社.

黄廷胜, 王逢香. 2008. 安全风险处在最低合理可行状态(ALARP)的验证. 安全、健康和环境, 8(7): 7-9.

金龙哲, 杨继星. 2010. 安全学原理. 北京: 冶金工业出版社.

李明, 栾丽君, 任立义. 2004. 利用 ABC 管理法对实验设备进行管理. 煤矿机械, (2): 132-133.

李钰斌, 石铭. 2009. 风险监管策略的发展. 大众商务, 105(9): 77.

梁峻, 陈国华. 2010. 特种设备风险管理体系构建及关键问题探究. 中国安全科学学报, 20(9): 132-137.

罗云. 2013a. 安全科学导论. 北京: 中国质检出版社中国标准出版社.

罗云. 2013b. 特种设备风险管理: RBS 的理论、方法与应用. 北京: 中国质检出版社中国标准出版社.

罗云. 2015. 安全学. 北京: 科学出版社.

罗云, 裴晶晶. 2016. 风险分析与安全评价(第三版). 北京: 化学工业出版社.

罗云, 许铭. 2016. 现代安全管理(第三版). 北京: 化学工业出版社.

罗云, 徐德蜀. 2001. 防范来自技术的风险. 济南: 山东画报出版社.

罗云, 等. 2010. 现代安全管理(第二版). 北京: 化学工业出版社.

罗云, 等. 2014. 安全生产系统战略(第二版). 北京: 化学工业出版社.

罗云, 展宝卫, 彭吉根, 等. 2018a. 企业本质安全: 理论·模式·方法·范例. 北京: 化学工业出版社.

罗云, 赵一归, 许铭. 2018b. 安全生产理论 100 则. 北京: 煤炭工业出版社.

马英楠. 2010. 安全评价基础知识. 北京: 中国劳动社会保障出版社.

麦祖荫. 1995. 浴盆曲线及系统可靠性的数学理论. 医疗装备, (6): 1-2.

门智峰, 张彦朝. 2006. 特种设备的风险评估技术. 中国安全生产科学技术, 2(1): 92-94.

彭浩斌. 2009. 我国特种设备安全管理体系研究. 广州: 华南理工大学.

孙华山. 2006. 安全生产风险管理. 北京: 化学工业出版社.

田水承, 景国勋. 2016. 安全管理学. 北京: 机械工业出版社.

吴煜, 李从东. 2005. 二拉平原则(ALARP)应用分析——以工业系统风险评价为例. 山东财政学院学报, (3): 47-49.

吴宗之. 2000. 职业安全卫生管理体系试行标准应用指南. 北京: 气象出版社.

吴宗之. 2007. 基于本质安全的工业事故风险管理方法研究. 中国工程科学, 9(5): 46-49.

吴宗之, 高进东. 2001. 重大危险源辨识与控制. 北京: 冶金工业出版社.

吴宗之, 高进东, 魏利军. 2001. 危险评价方法及其应用. 北京: 冶金工业出版社.

杨云会. 2009. 国际工程项目的风险管理策略. 有色金属设计, 36(1): 80-85.

杨振林. 2008. 特种设备风险管理研究. 天津: 天津大学.

于亚男, 罗云, 王景人, 等. 2012. 特种设备全生命周期风险辨识与数据库的开发. 安全, (9): 37-40.

朱启超, 匡兴华, 沈永平. 2003. 风险矩阵方法与应用述评. 中国工程科学, 5(1): 89-94.

Amendola A, Contini S, Ziomas I. 1992. Uncertainities in chemical risk assessment: Results of a European benchmark exercise. Journal of Hazardous Materials, 29(3): 347-363.

Aven T. 2008. Risk Analysis: Assessing Uncertainites Beyond Expected Values and Probabilities. Chichester: Wiley.

Ball D J, Floyd P J. 1998. Societal risks. Technical report. London: Health and Safety Executive.

Bottelberghs P H. 2000. Risk analysis and safety policy developments in the Netherlands. Journal of Hazardous Materials, 71(1-3): 59-84.

Fischhoff B, Lichtenstein S, Keeney R L. 1981. Acceptable Risk. Cambridge: Cambridge University Press.

Gertman D I, Blackman H S. 1994. Human Reliability & Safety Analysis Data Handbook. New York: Wiley.

Hansson S O. 2010. Risks: Objective or subjective, facts or values. Journal of Risk Research, 13(2): 231-238.

Hirst I L. 1998. Risk assessment: A note on F-n curves, expected numbers of fatalities, and weighted indicators of risk. Journal of Hazardous Materials, 57(1-3): 169-175.

HSE. 2006. Five steps to risk assessment. Booklet INDG163. London: Health and Safety Executive.

ISO 31000. 2018. Risk management-Guidelines, provides principles, framework and a process for managing risk. Geneva: International Organization for Standardization.

Jonkman S N, van Gelder P H A J M, Vrijling J K. 2003. An overview of quantitative risk measures for loss of life and economic damage. Journal of Hazardous Materials, 99(1): 1-30.

Kaplan S. 1997. The words of risk analysis. Risk Analysis, 17(4): 407-417.

Klinke A, Renn O. 2002. A new approach to risk evaluation and management: Risk-based, precaution-based, and discourse-based strategies. Risk Analysis, 22(6): 1071-1094.

Lupton D. 1999. Risk. London: Routledge.

Modarres M. 2006. Risk Analysis in Engineering: Techniques, Tools, and Trends. Boca Raton: CRC Press.

OSHA. 2002. Job hazard analysis. Technical report OSHA 3071. Washington DC: Occupational Safety and Health Administraion.